"十二五"高等职业教育机电类专业规划教材

机电一体化技术

杨　辉　陈江进　主　编

李松江　张月华　副主编

中国铁道出版社
CHINA RAILWAY PUBLISHING HOUSE

内 容 简 介

本书根据高等职业院校机电类专业学生的学习情况，组织编写教学内容。专业理论知识力求系统化，深入浅出，简单易学，以满足职业岗位对专业理论的需求。同时，为了适应高等职业院校学生动手能力的培养要求，引用了大量生产第一线的实践内容，加强了实操应用训练。

全书共分为 8 个单元，分别是：概述、机电一体化技术中的机械技术、机电一体化技术中的电子与信息处理技术、机电一体化技术中的传感技术、机电一体化技术中的伺服驱动技术、机电一体化技术中的自动控制技术、机电一体化技术中的接口技术、典型机电一体化系统应用实例。

本书适合作为高等职业院校机电一体化技术专业、数控维修专业、机械制造类相关专业的教材，也可作为机电设备维修工程技术人员的参考用书。

图书在版编目（CIP）数据

机电一体化技术 / 杨辉，陈江进主编 . —北京：中国铁道出版社，2014. 8

"十二五"高等职业教育机电类专业规划教材

ISBN 978-7-113-18327-1

Ⅰ . ①机… Ⅱ . ①杨… ②陈… Ⅲ . ①机电一体化 –高等职业教育 – 教材 Ⅳ . ①TH – 39

中国版本图书馆 CIP 数据核字（2014）第 151181 号

书　　名：机电一体化技术
作　　者：杨　辉　陈江进　主编

策　　划：何红艳　　　　　　　　　　读者热线：400 – 668 – 0820
责任编辑：何红艳　　　彭立辉
封面设计：付　巍
封面制作：刘　颖
责任校对：汤淑梅
责任印制：李　佳

出版发行：中国铁道出版社（100054，北京市西城区右安门西街 8 号）
网　　址：http://www.51eds.com
印　　刷：三河市宏盛印务有限公司
版　　次：2014 年 8 月第 1 版　　　2014 年 8 月第 1 次印刷
开　　本：787 mm×1 092 mm　1/16　印张：12. 25　字数：288 千
印　　数：1 ～ 2 000 册
书　　号：ISBN 978 – 7 – 113 – 18327 – 1
定　　价：25. 00 元

| 前　言

　　"机电一体化技术"课程是机电一体化专业最后学习的专业课程。该课程综合应用机械技术、电子技术、计算机技术、传感器技术、伺服驱动技术、自动控制技术及接口技术等众多技术，用来制造机电一体化设备，满足工业生产和人们生活的需要。

　　机电一体化技术内容繁多，且深奥难懂。在高职高专院校，教师教学难度大，学生学习难度也不小。因此，必须选用合适的教材，既要全面介绍机电一体化技术的知识体系，又要让高职高专学生容易学习，还能使学生适应将来岗位的需求。本书是编者根据十多年的教案、讲义，参考许多同类教材及专家的实际操作经验编写而成，内容上追求知识体系系统全面，同时又针对学习对象的实际情况与岗位需求，力求深入浅出，通俗易懂，使学生易于学习、乐于学习。在教材的深度、广度、难度等方面，区别于大学本科教材，适应于高职高专学生。本书不以机电一体化设备的设计作为教学目标，而是从机电一体化设备的使用、维修与保养角度出发，选择教学内容。在教学方法上，理论与实操并举。本书以典型机电一体化设备——数控机床、工业机器人、电梯为例，编写大量生产实例，培养学生的实际动手操作能力。期望使用本教材的学生，在学习结束时，就能动手维修数控机床、电梯。

　　本书共分为8个单元：单元1总体介绍机电一体化技术的定义、系统组成与六大技术体系；单元2讲解机电一体化技术中的机械技术，侧重介绍机电一体化技术对机械技术的新要求；单元3为机电一体化技术中的电子与信息处理技术，是机电一体化技术的核心技术，也是高职高专学生学习的难点；单元4是机电一体化技术中的传感检测技术，选取机电一体化设备常用的位移传感器、速度传感器为学习对象，介绍传感器的结构、工作原理和使用维修方法；单元5介绍机电一体化技术中的常用伺服驱动技术；单元6讲解自动控制技术，本单元内容的先导课程为自动控制原理，在高职高专少有开设，故可作为选学内容；单元7机电一体化技术中的接口技术，它将机电一体化设备的各个模块连接在一起，组成完整的、自动控制的先进设备；单元8以典型机电一体化设备为例，全面应用机电一体化知识，进行系统应用。此外，每个单元都编写了应用与实操训练内容，以培养学生的实操动手能力。

教学学时安排参考方案

教学单元		理论学时	实操学时
单元1	概述	2	2
单元2	机电一体化技术中的机械技术	10	2
单元3	机电一体化技术中的电子与信息处理技术	12	4
单元4	机电一体化技术中的传感技术	6	2

教学单元	理论学时	实操学时
单元 5　机电一体化技术中的伺服驱动技术	8	2
单元 6　机电一体化技术中的自动控制技术	6	2
单元 7　机电一体化技术中的接口技术	8	2
单元 8　典型机电一体化系统应用实例	4	6
学时总计	56	22

本书由杨辉、陈江进任主编，李松江、张月华任副主编，其中单元 1、单元 3、单元 8 由杨辉编写，单元 4、单元 6、单元 7 由陈江进编写，单元 5 由李松江编写，单元 2 由张月华编写。编写过程中参考了许多同行的教材及操作维修经验，在此一并表示感谢。

由于时间仓促，编者水平有限，书中疏漏和不足之处在所难免，欢迎读者提出批评建议。

编　者
2014 年 5 月

CONTENTS | 目　录

单元 ❶ 概述

你使用过全自动洗衣机、数码照相机吗？你搭乘过电梯吗？你听说过数控机床、机器人、飞机、火箭、导弹、神舟飞船、嫦娥 3 号吗？它们都是机电一体化产品。图 1-1 所示为典型的机电一体化设备——数控机床。

对于"机电一体化"这门技术，你认为它是一门简单的技术，还是复杂难懂的技术？对于非专业技术人员而言，有些深奥；对于专业技术人员而言，也要下一番功夫，才能理解与掌握。

机电一体化技术是集机械技术、电子技术等众多技术于一身的综合交叉技术。它要求从事机电一体化技术工作的技术人员，掌握多种技术，具备综合技能。对于学习机电一体化专业的高职高专学生而言，需要用 60 学时左右的时间，慢慢揭开其神秘的面纱，逐渐熟悉并掌握这门技术。

图 1-1　典型的机电一体化设备——数控机床

1.1　机电一体化定义

🔧 学习目标

- 理解机电一体化的定义。
- 了解机电一体化技术的目的。
- 认识典型机电一体化产品。

机电一体化技术是在机械技术、电子技术等技术基础上发展起来的一门综合技术。

18 世纪，从英国发起的技术革命是技术发展史上的一次巨大革命，它开创了以机器代替手工工具的时代。经过 300 多年的研究发展，机械技术形成了一套完整的技术理论，制造了无数的机械设备，使人类的生产、生活发生了巨大变化。大约 100 年前，又出现了一种新的技术——电子技术，它使人类进入电气电子时代。最近半个世纪以来，微电子技术迅猛发展。于是，用先进的电子技术改造传统的机械设备，以使产品高附加值化，诞生了机电一体化技术。

1.1.1　机电一体化定义

机电一体化的定义，到目前为止，全世界还没有统一的定义。不同的学者，有不同的描述。下面给出两种不同描述的定义，供读者参考。

定义一：从系统工程观点出发，综合应用机械技术、电子技术、计算机技术，对它们进行有机的组织与融合，以使产品性能最佳化。

定义二：机电一体化是在机械的主功能、动力功能、信息功能和控制功能上引进微电子技术，并将机械装置与电子装置用有关软件有机结合而构成系统的总称。

两种定义描述语句不同，但它们都指出，机电一体化是机械技术、电子技术、计算机技术等众多技术的交叉与融合，如图 1-2 所示。

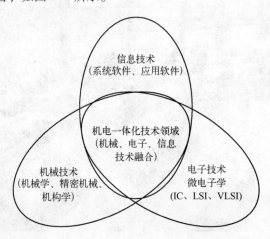

图 1-2　机电一体化定义图

1.1.2　机电一体化目的

机电一体化技术的目的，是使产品高附加值化，即多功能化、高效率化、省材料化、省能源化，并使产品结构向轻、薄、短、小巧化方向发展，不断满足人们生活的多样化需求和生产的省力化、自动化需求。

比如，传统的车床、铣床等金属切削机床，其主要结构是各种机械机构，配以继电器-接触器控制系统，加工尺寸精度不高，工作强度大，生产效率低。用机电一体化技术对传统机床进行技术改造，或重新设计制造的数控机床，加工尺寸精度高，工作强度高，生产效率也有所提高，满足了生产的省力化、自动化需求。

1.1.3　机电一体化产品

机电一体化产品所包括的范围极为广泛，几乎渗透到人们日常生活与工作的每一个角落，其主要产品如图 1-3 所示。

机电一体
化产品
{
生产用机电一体化产品 {
数控机床、机器人、自动生产设备
柔性生产单元、自动组合生产单元
FMS（柔性制造系统）、无人化工厂、CIMS（计算机集成制造系统）
}

运输、包装及工程用机电一体化产品 {
微机控制汽车、机车等交通运输工具
数控包装机械及系统
数控运输机械及工程机械设备
}

储存、销售用机电一体化产品 {
自动仓库
自动空调与制冷系统及设备
自动称量、分选、销售及现金处理系统
}

社会服务性机电一体化产品 {
自动化办公设备
动力、医疗、环保及公共服务自动化设备
文教、体育、娱乐用机电一体化产品
}

家庭用机电一体化产品 {
微机或数控型耐用消费品
炊事自动化机械
家庭用信息、服务设备
}

科研及过程控制用机电一体化产品 {
测试设备
控制设备
信息处理系统
}

农、林、牧、渔及其他民用机电一体化产品
航空、航天、国防用武器装备等机电一体化产品
}

图 1-3　机电一体化产品

典型机电一体化产品如电梯、工业机器人等，如图 1-4 所示。

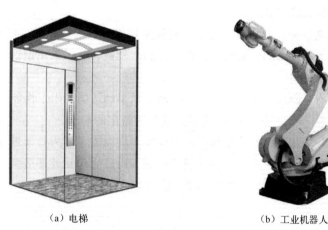

（a）电梯　　　　　　　　　（b）工业机器人

图 1-4　典型机电一体化产品实物图

1.2　机电一体化系统组成

学习目标

● 了解机电一体化系统五大组成部分。

● 理解机电一体化系统五大功能。

● 认识并区分典型机电一体化设备的五大组成部分。

一个较完善的机电一体化系统包括以下五大基本组成部分：机械本体、检测传感部分、控制器、执行器和动力源，各要素之间通过接口相互联系。

与五大组成部分相对应，有五大功能：构造、检测、控制、动作、动力，如图1-5所示。

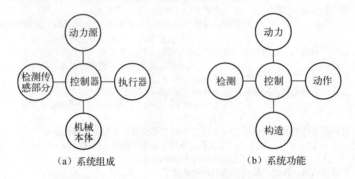

（a）系统组成　　　　　　　　　　（b）系统功能

图1-5　机电一体化系统组成与功能

1. 机械本体

机械本体是机电一体化设备的支承系统，支承着设备的其他组成部分。

机电一体化系统的机械本体包括机械传动装置和机械结构装置，如机座与机架、传动件、支承件、轴及轴系等。

机械子系统的主要功能是使构造系统的各子系统、零部件按照一定的空间和时间关系安置在一定的位置上，并保持特定的关系。

为了充分发挥机电一体化的优点，必须使机械本体部分具有高精度、轻量化和高可靠性。过去的机械均以钢铁为基础材料，要实现机械本体的高性能，除了采用钢铁材料以外，还必须采用复合材料或非金属材料。

机械传动装置应有高刚度、低惯量、较高的谐振频率和适当的阻尼性能，从而对机械系统的结构形式、制造材料、零件形状等方面都相应提出了特定的要求。

机械结构是机电一体化系统的支承体。各组成要素均以支承体为骨架进行合理布局，有机结合成一个整体。这不仅是系统内部结构的设计问题，而且也包括外部造型的设计问题。机电一体化系统应整体布局合理，使用、操作方便，造型美观，色调协调。

2. 检测传感部分

检测传感部分由各种传感器组成，如位移传感器、速度传感器、力传感器及开关等。它对设备运行过程中的各种参数进行检测，将检测结果输入到控制系统，作为程序运算的依据。

3. 控制器

控制器由计算机、可编程逻辑控制器（PLC）、数控装置以及逻辑电路、A/D 与 D/A 转换器、I/O（输入/输出）接口和计算机外围设备等组成。

控制器是机电一体化系统的指挥中枢，如同人体的大脑，对整个系统的运行进行自动控制。控制器功能是完成来自各传感器检测信息的数据采集和外部输入命令的集中、存储、分析、判断、加工、决策，根据信息处理结果，按照一定的程序和节奏发出相应的控制信息，通过输出接口送往执行机构，控制整个系统有目的地运行，并达到预期的信息控制目的。对于智能化程度高的系统，还包含了知识获取、推理及知识自学习等以知识驱动为主的信息控制。

机电一体化系统对控制器的基本要求是提高信息处理速度和可靠性，增强抗干扰能力以及完善系统自诊断功能，实现信息处理智能化。

4. 执行器

执行器的功能是执行各种动作。它由伺服驱动机构及执行机构组成。

5. 动力源

动力源为机电一体化系统各组成部分提供动力，推动系统的运行。

图 1-6（a）所示为数控机床工作台驱动控制系统的五大组成部分，其动力源为 380 V 交流电源。

图 1-6（b）所示为机械手系统的五大组成部分。

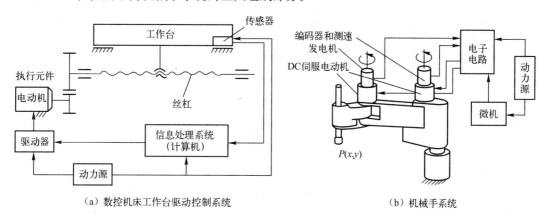

（a）数控机床工作台驱动控制系统　　　　　　（b）机械手系统

图 1-6　机电一体化系统组成

表 1-1 所示为数控机床与机械手组成系统。

表 1-1　数控机床与机械手组成系统

组成 ＼ 系统	数 控 机 床	机 械 手
机械本体	床身、导轨、滚珠丝杆螺母结构	机座、手臂、
检测传感部分	位移传感器、转速传感器	编码器、测速发动机
控制器	数控装置	微机
执行器	驱动器、电机、工作台	DC 伺服电动机
动力源	工作电源	工作电源

1.3　机电一体化技术体系

学习目标

了解机电一体化技术的六大技术体系。

机电一体化技术是多种技术的交叉与融合，具体包含哪些技术，不同学者有不同的描述。

本书编者根据多年教学经验，将其归纳为六大技术体系：机械技术、电子与信息处理技术、传感检测技术、伺服驱动技术、自动控制技术、系统技术，以便于高职高专机电一体化技术的教学工作，也利于学生学习。

1. 机械技术

机械技术是机电一体化的基础技术。机电一体化中的机械产品与传统的机械产品的区别在于：机械结构更简单；机械功能更强，性能更优越。机电一体化中机械技术的着眼点在于如何与机电一体化技术相适应，利用其他高新科技来更新概念，实现结构上、材料上、性能上的变更，满足重量轻、体积小、高精度、高刚度及改善性能的要求。

2. 电子与信息处理技术

电子与信息处理技术包括两方面：电子技术、信息处理技术。与机械技术一样，电子技术是机电一体化技术的又一个基础技术。在传感检测技术、伺服驱动技术、自动控制技术、系统技术等技术中都将应用到电子技术。

信息处理技术包括信息的交换、存取、运算、判断、控制等。实现信息处理的主要工具是计算机，因此，计算机技术与信息处理技术是密切相关的。计算机技术包括计算机硬件技术和软件技术、网络与通信技术、数据库技术等。

在机电一体化产品中，计算机与信息处理装置指挥整个产品的运行。在机电一体化技术中，广泛使用单片机和 PLC 进行信息处理。

3. 传感检测技术

传感检测技术指与传感器及其信号检测装置相关的技术。在机电一体化产品中，传感器就像人体的感觉器官一样，俗称"电五官"。它将内、外部各种信息通过相应的信号检测装置感知并反馈给信息处理装置，因此传感与检测是实现自动控制的关键环节。机电一体化要求传感器能快速、精确地获取信息并经受各种严酷环境的考验，它是机电一体化系统达到高水平的保证。

4. 伺服驱动技术

伺服驱动技术的主要研究对象是执行元件及其驱动装置。它需要对执行元件的速度、方向、位移大小进行精确控制。执行元件有电动、气动、液压等多种类型。常用的伺服驱动包括：步进电动机伺服驱动、直流电动机伺服驱动、交流电动机伺服驱动、液压伺服驱动、气压伺服驱动。

5. 自动控制技术

自动控制技术包括自动控制理论、控制系统设计、系统仿真、现场调试、可靠运行等从理论到实践的整个过程。由于被控对象种类繁多，所以控制技术的内容极其丰富，包括高精度定位控制、速度控制、自适应控制、自诊断、校正、补偿、示教再现、检索等控制技术。自动控制技术的难点在于自动控制理论的过程化与实用化，这是由于现实世界中的被控对象与理论上的控制模型之间存在较大的差距，使得从控制设计到控制实施往往要经过多次反复调试与修改，才能获得比较满意的结果。由于微型计算机的广泛应用，自动控制技术越来越多地与计算机控制技术联系在一起，成为机电一体化中十分重要的关键技术。

但是，在职业技术学院，由于学习时间短，再加上学生学习基础的限制，自动控制理论课程基本没有开设，所以自动控制技术讲解较少。本书在单元 6 讲解了机电一体化中的自动控制技术，供学生参考学习。

6. 系统技术

系统技术是用系统工程的观点和方法，将系统总体分解成相互有机联系的若干功能单元，并以功能单元为子系统继续分解，直至找到可实现的技术方案，然后再把功能和技术方案组合进行分析、评价、优选的综合应用技术。

系统技术所包含的内容很多，接口技术是其重要内容之一，机电一体化产品的各功能单元通过接口连接成一个有机的整体。接口包括电气接口、机械接口、人机接口。电气接口实现系统间电信号连接；机械接口则完成机械与机械部分、机械与电气装置部分的连接；人机接口提供了人与系统间的交互界面。系统总体技术是最能体现机电一体化设计特点的技术，其原理和方法还在不断地发展和完善之中。

本书着重讲解接口技术。

1.4　机电一体化技术的特点、发展方向与学习方法

学习目标

- 了解机电一体化技术特点及发展方向。
- 了解机电一体化技术课程的学习的方法。

1.4.1　机电一体化技术的特点

1. 精度提高

机电一体化技术使机械传动部件大大减少，且采取一系列的结构措施，因而使机械磨损、配合间隙、零件制造精度及受力变形等所引起的误差大大减小。同时，由于使用计算机和电子技术实现自动检测和控制，补偿校正因各种干扰因素造成的动态误差，从而达到传统机械传动装备所不能实现的工作精度。例如，数控机床传动机构采用滚珠丝杆螺母机构，加工精度比普通机床高得多。

2. 功能增强

现代高新技术的引入极大地改变了机械工业产品的性能，一台设备具有多种复合功能，已成为机电一体化产品和应用技术的一个显著特征。例如，加工中心机床可以将多台普通机床上的多道工序在一次装夹中完成，并且还有自动检测工件和刀具，自动显示刀具动态轨迹图形，自动保护和自动故障诊断等极强的应用功能；配有机器人的大型激光加工中心，能够完成自动焊接、划线、切割、钻孔、热处理等操作，可对金属、塑料、陶瓷、木材、橡胶等各种材料进行加工。这种极强的复合功能，是机电一体化的结果，是传统机械加工系统所不能比拟的。

3. 生产效率提高，成本降低

机电一体化生产系统能够减少生产准备和辅助时间，缩短新产品开发周期，提高产品合格率，减少操作人员的数量，提高生产效率，降低生产成本。例如，数控机床的生产效率比普通机床高 5 ～ 6 倍。

4. 节约能源，降低消耗

机电一体化产品通过采用低能耗的驱动机构、最佳的调节控制，使设备的能源消耗大大降低，能源利用率显著提高。例如，汽车电子点火器由于控制最佳点火时间和状态可大大节约汽车耗油量；如将节能工况下运行的风机、水泵改为随工况变速运行，平均可节电 30%；工业锅炉使用微型计算机精确控制燃料与空气的最佳混合比，可节约燃煤 5% ～ 20%，耗电量大的电弧炉，如改用微型计算机实现最佳功率控制，可节省 20% 的电能。

5. 安全性、可靠性提高

具有自动检测监控功能的机电一体化系统能够对各种故障和危险情况自动采取保护措施和及时修正运行参数，提高系统的安全可靠性。例如，大型火力发电设备中，锅炉与汽轮机的协调控制系统、汽轮机的电液调节系统、自动启停系统、安全保护系统等，不仅提高了机组运行的灵活性和经济性，而且提高了机组运行的安全性和可靠性，使火力发电设备逐步走向全自动控制；又如，大型轧机多级计算机分散控制系统，可以解决对大型、高速、冷热轧机的多参数测量、控制问题，保证系统可靠运行。

6. 操作性和使用性获改善

机电一体化装置或系统各相关传动机构的动作顺序及功能协调关系，可由程序控制自动实现，并建立友好的人－机界面，对操作参量加以提示，因而可以通过简便的操作得到复杂的功能控制和使用效果。操作者只需输入一些参数或编制控制运行的应用程序。例如，一座高度复杂的现代大型熔炉作业的控制系统，其控制内容包括最优配料、多台电炉的功率控制、球化和孕育处理、记忆球铁浇铸情况、铁水成分、熔化和造型之间的协调平衡等，整个系统从启动到熔炉的全部作业完成，只需操作几个按钮就能完成。有的机电一体化装置，可实现操作全自动化，如带有示教功能的工业机器人，在由人工进行一次示教操作后，即可按示教内容自动重复实现全部动作。有些更高级的机电一体化系统，还可通过被控对象的数学模型和目标函数以及各种运行参数的变化情况，自动确定最佳工作过程，以及对内、对外协调关系，以实现自动最优控制，如微型计算机控制的钢板测厚自动控制系统、电梯全自动控制系统、智能机器人等。机电一体化系统的先进性和技术密集性与操作使用的简易性和方便性相互联系在一起。

7. 减轻劳动强度，改善劳动条件

机电一体化一方面能够将制造和生产过程中极为复杂的人的智力活动和资料数据记忆查找工作改由计算机来完成，一方面又能由程序控制自动运行，代替人的紧张和单调重复操作以及在危险或有害环境下的工作，因而大大减轻了劳动者的脑力和体力劳动，改善了劳动者的工作环境条件。例如，CAD 极大地减轻了设计人员的劳动复杂性，提高了设计效率；搬运、焊接和喷漆机器人取代了人的单调重复劳动；武器弹药装配机器人、深海工作机器人、在核反应堆和有毒环境下的自动工作系统，替代了人类在危险环境中的劳动。

8. 简化结构，减轻重量

由于机电一体化系统采用新型电力电子器件和传动技术代替笨重的老式电气控制和复杂的机械变速传动，由微处理机和集成电路等微电子元件和程序逻辑软件完成过去靠机械传动链和机构来实现的关联运动，从而使机电一体化产品体积减小，结构简化，重量减轻。例如，无换向器电动机，将电子控制与相应的电动机电磁结构相结合，取消了传统的换向电刷，简化了电

动机结构，提高了电动机的使用寿命和运行特性，并缩小了体积；数控精密插齿机可节省齿轮和相关的支承零部件 30%；一台现金出纳机用微处理机控制可取代几百个机械传动部件。采用机电一体化技术简化结构，减轻重量对于航空航天技术有更特殊的意义。

9. 降低价格

由于结构简化，材料消耗减少，制造成本降低，同时由于微电子制造技术的高速发展，微电子器件价格迅速下降，因此，机电一体化产品价格低廉，而且维修性能改善，使用寿命延长。例如，石英晶振电子表以其高功能、计时准确、使用方便和价格低的优势迅速占领了计时商品市场。

10. 增强柔性应用功能

机电一体化系统可以根据使用要求的变化，对产品应用功能和工作过程进行调整修改，满足用户多样化的使用要求。例如，工业机器人具有较多的运动自由度，手爪部分可以换用不同工具，可以使机器人具有搬运、焊接、切割、喷漆等操作。通过修改程序改变运动轨迹和运动姿态，适应不同的作业过程和工作内容；利用数控加工中心或柔性制造系统可以通过更换加工程序，加工不同的零件。机械工业约有 75% 的产品属中小批量，利用柔性生产系统，能够经济、迅速地解决这种中小批量多品种的自动化生产。

通过编制应用程序来实现工作方式的改变，适应各种用户对象及现场参数变化的需要，机电一体化的这种柔性应用功能构成了机械控制"软件化"和"智能化"特征。

1.4.2 机电一体化技术发展方向

1. 模块化

模块化是一项重要而艰巨的工程。由于机电一体化产品种类和生产厂家繁多，研制和开发具有标准机械接口、电气接口、动力接口、环境接口的机电一体化产品单元是一项十分复杂又非常重要的事，如研制集减速、智能调速、电机于一体的动力单元，具有视觉、图像处理、识别、测距等功能的控制单元，以及各种能完成典型操作的机械装置。这样，可利用标准单元迅速开发出新产品，同时也可以扩大生产规模。这需要制定各项标准，以便各部件、单元的匹配和接口。

2. 智能化

智能化是 21 世纪机电一体化发展的一个重要发展方向。人工智能在机电一体化建设中的研究日益得到重视，机器人与数控机床的智能化就是其重要应用。

3. 微型化

微型化兴起于 20 世纪 80 年代末，指的是机电一体化向微型机器和微观领域发展的趋势。国外称其为微电子机械系统（MEMS），泛指几何尺寸不超过 $1\,m^3$ 的机电一体化产品，并向微米、纳米级发展。微机电一体化产品体积小、耗能低、运动灵活，在生物医疗、军事、信息等方面具有不可比拟的优势。微机电一体化发展的瓶颈在于微机械技术。微机电一体化产品的加工采用精细加工技术，即超精密技术，包括光刻技术和蚀刻技术两类。

4. 网络化

20 世纪 90 年代，计算机技术突出成就是网络技术。网络技术的兴起和飞速发展给科学技术、工业生产、政治、军事、教育以及人们日常生活都带来了巨大的变革。各种网络将全球经济、生产连成一片，企业间的竞争也将全球化。机电一体化新产品一旦研制出来，只要其功能独到、质量可靠，很快就会畅销全球。由于网络的普及，基于网络的各种远程控制和监视技术方兴未艾，而远程控制的终端设备本身就是机电一体化产品。

5. 系统化

系统化的表现之一就是系统体系结构进一步采用开放式和模式化的总线结构。系统可以灵活组态，进行任意剪裁和组合，同时寻求实现多子系统协调控制和综合管理。表现之二是通信功能的大大增强，一般除 RS – 232 外，还有 RS – 485、DCS 人格化。未来的机电一体化更加注重产品与人的关系。机电一体化的人格化有两层含义：一层是机电一体化产品的最终使用对象是人，如何赋予机电一体化产品人的智能和情感，人性显得越来越重要，特别是对家用机器人，其高层境界就是人 – 机一体化；另一层是模仿生物机理，研制各种机电一体化产品。事实上，许多机电一体化产品都是受动物的启发研制出来的。

1.4.3 本课程学习方法

机电一体化技术是一门复杂的技术课程。涉及的专业知识范围宽广。高职高专的学生学习难度较大。为此，编者根据多年教学经验，提出以下建议，供学生参考：

1. 学习相关先导课程

如《机械设计基础》《电工学》《电子技术》《单片机技术》《PLC 技术》《电机与拖动》《液压与气动》《传感器与检测技术》等课程。这些课程将为学习机电一体化技术课程做好充分的理论准备。先导课程是学好本课程的基础与前提。这好比建房，要先建地基，再建第一层、第二层，等等，空中楼阁是建不好的。所以，本课程要在第四或第五学期开设。

2. 重视理论知识的学习

高职高专学生有一种倾向性，认为理论学习难学懂，有实物就一目了然，这是一种错误的学习态度。系统的专业理论知识是今后专业技术职场发展的重要保证。当然，我们主要学习与储备操作方面的理论知识，而不需要学习设计方面的理论知识。同本科学习要求相比较，在深度、广度和难度上是有区别的。本书主要编写操作维修方面的理论知识，机电一体化设计知识本书一律忽略。遇到计算公式时，直接写出公式，推导过程尽量从略。

3. 进行必要的实践操作

机电一体化技术课程是最后的专业技术课程，是对所学专业理论的综合应用。综合实操是必需的学习过程，每个单元后都编写有【应用与实操训练】，供教师与学生选用。

【应用与实操训练】

一、实训目标

通过参观数控机床，加深理解机电一体化设备的五大组成部分。

二、实训内容

实地参观数控机床，认识数控机床的五大组成部分。

三、实训器材及工具

数控机床。

四、实训步骤（见图 1-7）

① 认识机械本体：床身、导轨、刀架、变速箱。

② 认识传感器：位移传感器、速度传感器。

③ 认识控制系统：数控装置、PLC。

④ 认识执行机构：步进电动机、滚珠丝杆螺母机构、工作台。

⑤ 认识动力源：交流电源。

图 1-7　数控机床

【复习训练题】

1. 简述机电一体化技术的定义。

2. 简述机电一体化技术的系统组成及功能。

3. 简述机电一体化技术的六大技术体系。

机电一体化技术中的机械技术对传统的机械技术提出了一系列新要求，如高精度、高刚度、高可靠性、高速化、小型化、轻量化等。因此，需要对机械零件、部件、机构进行技术改造，以适应机电一体化技术的需要。

机械系统是机电一体化系统的重要组成部分，它包含传动装置、旋转支承、导向支承、轴及轴系、机架等几部分。机电一体化系统中的机械系统具有传递运动和负载、匹配转矩和转速、支承和防护等作用。

2.1　机电一体化技术中的机械传动装置

学习目标

- 理解同步带转动结构与工作原理。
- 理解谐波齿轮结构与工作原理。
- 掌握滚珠丝杆螺母机构结构与工作原理、间隙调整。
- 能够对转动装置进行调整、拆卸、安装与故障检修。

2.1.1　机电一体化技术对传动装置的要求

1. 传动装置的作用

传统的传动装置是一种把动力机产生的运动和动力传递给执行机构的中间装置，是一种扭矩和转速变换器。其目的是使驱动电动机与负载之间在扭矩和转速上得到合理的匹配。

2. 机电一体化技术对传动装置的要求

机电一体化技术中的传动装置不仅仅是扭矩和转速变换器，还具有伺服功能，要求传动装置转动惯量小、摩擦小、阻尼合理、刚度大、抗振性好、间隙小，并满足小型、轻量、高速、低噪声和高可靠性等要求。因此，需要对传统的传动装置进行技术改造，以适应机电一体化技术的需要。

3. 机电一体化系统常用传动装置

机电一体化系统常用传动装置有：齿轮传动、带传动、链传动、螺旋传动等。下面介绍同步带传动、谐波齿轮传动、滚珠丝杆螺母机构传动。

2.1.2　同步带传动

带传动结构简单，但传动带容易在带轮上打滑，产生传动误差，精度低。不能满足机电一体化技术高精度的要求。同步带传动是一种高精度的带传动。

1. 同步带传动结构

同步带传动由同步带和同步轮组成，如图 2-1 所示。同步带内表面加工有轮齿，同步轮外圆柱面加工有轮齿，同步带与同步轮轮齿相啮合，完成精确传动。

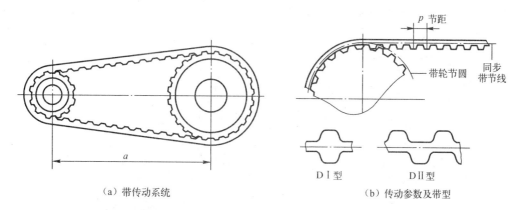

图 2-1 同步带传动

同步带结构如图 2-2 所示，它由加强筋、带齿和带背组成。

同步轮结构如图 2-3 所示。带轮齿形有梯形齿形和圆弧齿形。

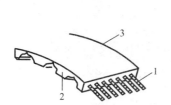

图 2-2 同步带结构

1—加强筋；2—带齿；3—带背

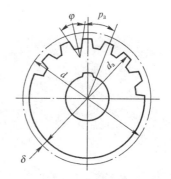

图 2-3 同步轮结构

φ—带轮槽半角；d_a—带轮顶圈直径；p_a—外圈节距；

d—带轮节圆直径；δ—带轮节顶距

2. 同步带传动特点

同步带传动的特点如下：

① 工作时无打滑，有准确的传动比。

② 传动效率高，节能效果好。

③ 传动比范围大，结构紧凑。

④ 维护保养方便，运转费用低。

⑤ 恶劣环境条件下仍能正常工作。

3. 同步带传动实例及实物图

如图 2-4（a）所示，打印机中同步带传动，由伺服电动机经齿轮传动，再由同步带传动，以保证准确传动。

图2-4（b）所示为同步带传动实例。

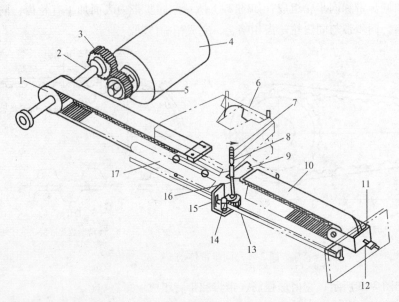

（a）同步带传动实例

（b）同步带传动实物

图2-4　同步带实例及实物

1—驱动轮；2—驱动轴；3—从动轮；4—伺服电动机；5—电动机齿轮；6—字车；7—色带驱动手柄；
8—销；9—连接环；10—字车驱动同步带；11—支架；12—带张力调节螺杆；13—色带驱动带；
14—压带轮；15—色带驱动轮；16—色带驱动轴；17—导杆

2.1.3　谐波齿轮传动

1. 谐波齿轮传动结构

如图2-5所示，谐波齿轮传动由刚性轮、柔性轮、谐波发生器三大构件组成。刚性轮为内齿轮，柔性轮为外齿轮，刚性轮比柔性轮多几个齿。

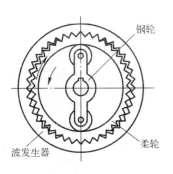

钢轮

波发生器　　柔轮

刚性轮　　　柔性轮　　　谐波发生器

（a）结构原理图

（b）实物图片

图 2-5　谐波齿轮结构原理与实物图片

2. 谐波齿轮传动原理

谐波齿轮传动和少齿差行星传动中的中心内齿轮、行星轮和系杆相当。通常谐波发生器为主动件，而刚性轮和柔性轮之一为从动件，另一个为固定件。当谐波发生器装入柔性轮内孔时，由于谐波发生器的总长度略大于柔性轮的内孔直径，故柔性轮变为椭圆形，于是在椭圆的长轴两端产生了柔性轮与刚性轮轮齿的两个局部啮合区；同时在椭圆短轴两端，两轮轮齿则完全脱开。其余各处，则视柔性轮回转方向的不同，或处于啮合状态，或处于非啮合状态。当波发生器连续转动时，柔性轮长短轴的位置不断变化，从而使轮齿的啮合处和脱开处也随之不断变化，于是在柔性轮与刚性轮之间就产生了相对位移，从而传递运动。

3. 谐波齿轮传动比计算

与行星齿轮轮系传动比的计算相似，由于

$$i_{rg}^{H} = \frac{\omega_r - \omega_H}{\omega_g - \omega_H} = \frac{Z_g}{Z_r}$$

（1）当柔性轮固定时，$\omega_r = 0$，则

$$i_{rg}^{H} = \frac{0 - \omega_H}{\omega_g - \omega_H} = \frac{Z_g}{Z_r}, \quad \frac{\omega_g}{\omega_H} = 1 - \frac{Z_r}{Z_g} = \frac{Z_g - Z_r}{Z_g}$$

$$i_{Hg} = \frac{\omega_H}{\omega_g} = \frac{Z_g}{Z_g - Z_r}$$

（2）当刚性轮固定时，$\omega_g = 0$，则

$$i_{rg}^H = \frac{\omega_r - \omega_H}{0 - \omega_H} = \frac{Z_g}{Z_r}, \quad \frac{\omega_r}{\omega_H} = 1 - \frac{Z_g}{Z_r} = \frac{Z_r - Z_g}{Z_r}$$

$$i_{Hr} = \frac{\omega_H}{\omega_r} = \frac{Z_r}{Z_r - Z_g}$$

式中： Z_r ——柔性轮齿数；

Z_g ——钢性轮齿数；

ω_r ——柔性轮角速度；

ω_H ——系杆的角速度；

ω_g ——钢性轮角速度；

i_{Hg}、i_{Hr}、i_{rg}^H ——传动比。

4. 谐波齿轮传动特点

谐波齿轮传动与普通齿轮副传动相比具有以下特点：

① 结构简单，体积小，重量轻，传动效率高。谐波齿轮传动的主要构件只有 3 个：谐波发生器、柔性轮、刚性轮。它与传动比相当的普通减速器比较，其零件减少 50%，体积和重量均减少 1/3 左右或更多。与相同速比的其他传动相比，谐波传动由于运动部件数量少而且啮合齿面的速度很低，因此效率很高，随速比的不同（60 ～ 250），效率在 65% ～ 96%，齿面的磨损很小。

② 传动比范围大。单级谐波减速器传动比可在 50 ～ 300，优选在 75 ～ 250；双级谐波减速器传动比可在 3 000 ～ 60 000；复波谐波减速器传动比可在 200 ～ 140 000。

③ 同时啮合的齿数多，运动精度高，承载能力大。双波谐波减速器同时啮合的齿数可达 30%，甚至更多些。而在普通齿轮传动中，同时啮合的齿数只有 2% ～ 7%，对于直齿圆柱渐开线齿轮同时啮合的齿数只有 1 ～ 2 对。由于这一优点，使谐波传动与相同精度的普通齿轮相比，其运动精度能提高 4 倍；在材料和速比相同的情况下，受载能力要大大超过其他传动。其传递的功率范围可为几瓦至几十千瓦，进而实现大速比、小体积。

④ 运动平稳，无冲击，噪声小。齿的啮入、啮出是随着柔轮的变形逐渐进入和逐渐退出刚性轮齿间的，重叠系数大，啮合好，啮合过程中齿面接触、滑移速度小，且无突然变化，故运动平稳、噪声小。

⑤ 齿侧间隙可以调整。谐波齿轮传动在啮合中，柔性轮和刚性轮齿之间主要取决于谐波发生器外形的最大尺寸，及两齿轮的齿形尺寸，因此可以使传动的回差很小，某些情况甚至可以是零侧间隙。

⑥ 可实现向密闭空间传递运动及动力。采用密封柔轮谐波传动减速装置，可以驱动工作在高真空、有腐蚀性及其他有害介质空间的机构，谐波传动这一独特优点是其他传动机构难于达到的。

⑦ 可实现高增速运动。由于谐波齿轮传动的效率高及机构本身的特点，加之体积小、重量轻，因此是理想的高增速装置。对于手摇发电机、风力发电机等需要高增速的设备有广阔的应用前景。

⑧ 方便地实现差速传动。由于谐波齿轮传动的 3 个基本构件中，可以任意两个主动，第三个从动，如果让谐波发生器、刚性轮主动，柔性轮从动，就可以构成一个差动传动机构，从而方便地实现快慢速工作状况。这一点对许多机床的走刀机构很有实用价值，经适当设计，可以大大改变机床走刀部分的结构性能。

对于谐波齿轮传动与其他齿轮传动性能的具体比较，在输入转速 1 500 r/min，传动比和输出力矩相同的情况下，4 种普通减速器与谐波齿轮传动减速器的性能比较如表 2-1 所示。

表 2-1　普通减速器与谐波齿轮减速器性能比较

参　数	单位	减速器类型				
		行星齿轮	人字齿轮	蜗杆加螺旋齿轮	圆柱齿轮	谐波齿轮
传动级数	—	3	2	2	3	1
输出力矩	N·m	390	390	390	390	390
传动比	—	97.4	96	100	98.3	100
效率	%	85	85	78	93	85
齿轮数量	个	13	4	4	6	2
轴承数量	套	17	6	6	8	5
节圆线速度	m/s	7.62	7.62	7.62	7.62	0.094

2.1.4　滚珠丝杆螺母机构传动

丝杆螺母传动是一种将回转运动转换为直线运动的常用传动装置。传动精度不高，不能满足机电一体化技术高精度要求，因此对丝杆螺母传动进行结构改造，在丝杆与螺母之间装入滚珠，就得到了传动精度高的滚珠丝杆螺母机构传动。图 2-6 所示为滚珠丝杆螺母机构实物。

图 2-6　滚珠丝杆螺母机构实物

1. 滚珠丝杆螺母机构结构

如图 2-7 所示，滚珠丝杆螺母机构由丝杆 3、螺母 2、滚珠 4 和反向器 1 等 4 部分组成。反向器的作用是形成滚珠循环滚动通道，它在螺母的螺旋槽两端形成滚珠回程引导装置。

2. 滚珠循环方式

滚珠丝杆螺母机构的滚珠循环方式有内循环、外循环两种。

（1）内循环

滚珠在循环过程中始终与丝杆表面相接触。如图 2-8 所示，在螺母 2 的螺旋槽内，安装有反向器 4，接通相邻滚道，利用反向器引导滚珠 3 越过丝杆 1 的螺纹顶部进入相邻滚道，形成一个循环回路。一般在一个螺母上安装有 2～4 个反向器，反向器在螺母圆周上均匀分布。内循环的优点是滚珠循环回路短、流畅性好、效率高、螺母的径向尺寸也较小；缺点是反向器加工困难，装配调整不方便。

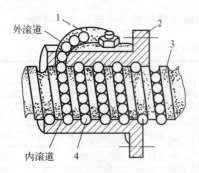

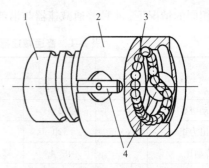

图 2-7　滚珠丝杆螺母机构结构　　　　图 2-8　内循环滚珠丝杆螺母机构

1—反向器；2—螺母；3—丝杆；4—滚珠　　　1—丝杆；2—螺母；3—滚珠；4—反向器

（2）外循环

滚珠在返回过程中，离开丝杆螺纹滚道，在螺母体内或体外做循环运动。外循环又分为螺旋槽式和插管式。

螺旋槽式结构如图 2-9 所示。在螺母 2 的外圆柱面上铣出螺纹凹槽，槽的两端钻出两个与螺纹滚道相切的通孔，螺纹滚道内装入两个挡住器 4，引导滚珠 4 通过这两个孔，应用套筒 1 盖住凹槽，构成滚珠的循环回路。螺旋槽式的优点是工艺简单，径向尺寸小，易于制造；缺点是挡住器刚性差，易磨损。

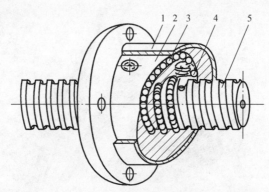

图 2-9　螺旋槽式结构

1—套筒；2—螺母；3—滚珠；4—挡住器；5—丝杆

插管式结构如图 2-10 所示。用一弯管 1 代替螺纹凹槽，弯管的两端插入与螺纹滚道 5 相切的两个内孔，用弯管的端部引导滚珠 4 进入弯管，构成滚珠的循环回路，再用压板 2 和螺钉将弯管固定。插管式的优点是结构简单，易于制造；缺点是径向尺寸较大，弯管端部用作挡住器易于磨损。

3. 滚珠丝杆螺母机构传动间隙的产生

滚珠丝杆螺母机构在传动过程中，当丝杆反转、螺母反向移动时，会产生"空回"现象。即丝杆转动，螺母不动，由此产生转动误差，影响传动精度。原因在于：滚珠直径小于滚道直径。为减小传动误差，提高传动精度，需要采取间隙调整措施。常用的措施有：双螺母垫片预紧式、双螺母螺纹预紧式、双螺母齿差预紧式。

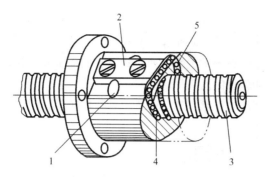

图 2-10　插管式结构

1—弯管；2—压板；3—丝杆；4—滚珠；5—滚道

4. 滚珠丝杆螺母机构传动间隙的调整

（1）双螺母垫片预紧式

双螺母垫片预紧式结构如图 2-11 所示。在一个丝杆上，安装两个螺母，两个螺母中间安装垫片。调整垫片的厚度，使两个螺母在轴线方向产生相对位移，达到形成预紧力、消除间隙的目的。当螺母向右移动时，由螺母 A 推动；当螺母向左移动时，由螺母 B 推动。

其特点是结构简单、刚度高、预紧可靠，调整不方便。

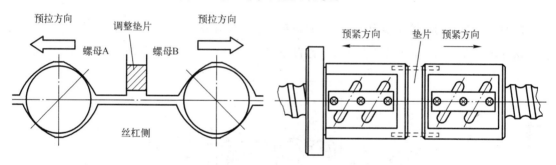

图 2-11　双螺母垫片预紧式

（2）双螺母螺纹预紧式

双螺母螺纹预紧式结构如图 2-12 所示。通过拧紧圆螺母 5 使螺母 1、4 产生相对位移，形成预紧力，以消除间隙。

其特点是结构简单，但较难控制，容易松动，准确性和可靠性均差。

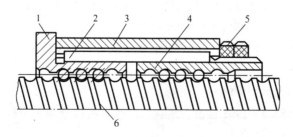

图 2-12　双螺母螺纹预紧式

1、4—螺母；2—平键；3—套筒；5—圆螺母；6—丝杆

（3）双螺母齿差预紧式

双螺母齿差预紧式结构如图 2-13 所示。在螺母 1、2 的凸缘上加工齿圈，且相差一个齿。然后装入内齿圈 3 中。由于齿数差的关系，两个螺母在圆周上相互错动一定相位，即在丝杆轴线上产生位移，达到间隙调整目的。

其特点是精度高，预紧准确可靠，不易松动，调整方便。

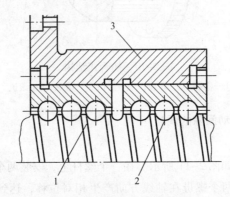

图 2-13　双螺母齿差预紧式
1、2—螺母；3—内齿圈

5. 滚珠丝杆螺母机构主要尺寸参数、精度等级及标注方法

滚珠丝杆螺母机构主要尺寸参数有公称直径、基本导程、行程等，如图 2-14 所示。

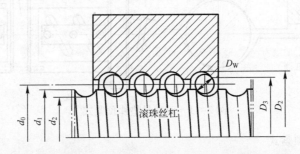

图 2-14　滚珠丝杆螺母机构尺寸参数

① 公称直径 d_0：指滚珠与螺纹滚道在理论接触角状态是包络滚珠球心的圆柱直径。

② 基本导程 pt：指滚珠螺母相对丝杆旋转一周时的轴向位移。

③ 行程 l：丝杆或螺母转动时，螺母或丝杆的轴向位移。

此外，还有滚珠丝杆螺纹外径 d_1、滚珠丝杆螺纹底径 d_2、滚珠直径 D_W、滚珠螺母螺纹底径 D_2、滚珠螺母螺纹内径 D_3 等。

④ 滚珠丝杆螺母机构精度等级

根据国标 GB/T 17587.3—1998 标准，滚珠丝杆螺母机构分为 7 个精度等级：1、2、3、4、5、7、10，1 级最高，10 级最低。

⑤ 标注方法：GB/T 17587.1—1998 规定标注如图 2-15 所示。

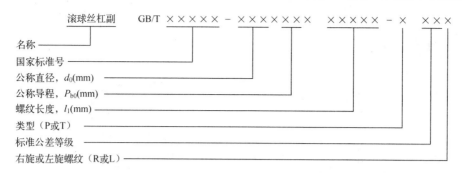

图 2-15 滚珠丝杆螺母机构的标注

2.2 机电一体化技术中的旋转支承

学习目标

- 了解圆柱支承、圆锥支承、球面支承、顶针支承、刀口支承、滚动支承结构与特点。
- 能够对旋转支承进行拆卸、安装与维护。

2.2.1 支承概述

机电一体化技术中的支承部件是非常重的部件，它既要支承、固定和连接系统中的其他零部件，又要保证这些零部件之间的相互位置和相对运动的精度，而且是伺服系统的组成部分。

机电一体化技术对支承部件的要求是：精度高、刚度大、热变形小、抗振性好、可靠性高，并且具有良好的摩擦特性和结构工艺性。

按相对运动方式，支承分为旋转支承和导向支承。

旋转支承是指运动件相对于支承件转动或摆动的支承。旋转支承按摩擦性质分为：滑动摩擦支承、滚动摩擦支承、弹性摩擦支承、气体摩擦支承。滑动摩擦支承按其结构特点可分为圆柱支承、圆锥支承、球面支承和顶针支承。滚动摩擦支承分为填入式滚珠支承和刀口支承。

对支承的要求：方向精度和置中精度、摩擦阻力矩的大小、许用载荷、对温度变化的敏感性、耐磨性，以及磨损的可补偿性、抗振性、成本高低。

方向精度是指运动件转动时，其轴线与承导件的轴线产生倾斜的程度。置中精度是指在任意截面上，运动件的中心与承导件的中心产生偏移的程度。支承对温度变化的敏感性是指温度变化时，由于运动件和承导件尺寸的变化，引起支承中摩擦阻力矩的增大或运动不灵活的现象。

2.2.2 几种常用旋转支承结构

1. 圆柱支承

圆柱支承结构如图 2-16 所示。优点是具有较大的接触面，承受载荷较大；缺点是方向精度和置中精度较差，摩擦阻力矩较大。

2. 圆锥支承

圆锥支承结构如图 2-17 所示，由锥形轴颈和具有圆锥孔的轴承组成。优点是置中精度和方向精度较高，磨损后，可借助轴向位移，自动补偿间隙；缺点是摩擦阻力矩较大，对温度变化比较敏感，制造成本较高。

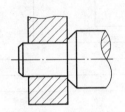
图 2-16　圆柱支承结构

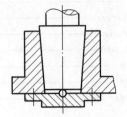
图 2-17　圆锥支承结构

3. 球面支承

球面支承结构如图 2-18 所示，由球形轴颈、内圆锥面或内圆球面组成。轴除自转外，还可轴向摆动一定角度。球面支承的接触面是一条狭窄的球面带，接触表面很小，宜于低速、轻载场合使用。

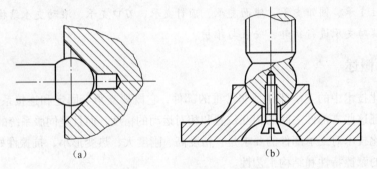

（a）　　　　　　　　　　　（b）

图 2-18　球面支承结构

4. 顶针支承

顶针支承由圆锥形轴颈（顶针）和带埋头孔的圆锥轴承组成，其结构如图 2-19 所示。顶针锥角 2α 一般为 $60°$，圆锥角 2β 一般为 $90°$。

顶针支承的轴颈和轴承在半径很小的狭窄环形表面上接触，摩擦半径很小，摩擦阻力矩较小。由于接触面积小，单位压力大，润滑油从接触处挤出，因此用润滑油降低摩擦阻力矩的作用不大。顶针支承宜用于低速、轻载场合。

5. 刀口支承

刀口支承主要由刀口和支座组成，多用于摆动不大的场合，其结构如图 2-20 所示。其优点是摩擦和磨损很小。

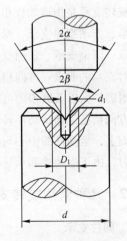
图 2-19　顶针支承结构

6. 填入式滚动支承

填入式滚动支承与标准滚珠轴承相比，没有内圈和外圈，仅在相对运动的零件上加工出滚道面，用标准滚珠散落在滚道内。其结构如图 2-21 所示。

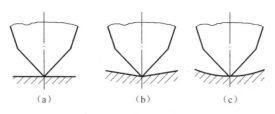

图 2-20　刀口支承结构

　　滚动支承摩擦阻力矩小，耐磨性好，承载能力较大，温度剧烈变化时影响小，能在振动条件下工作，故可在高速重载情况下使用，但成本较高。图 2-21（a）所示的结构接触面积小，摩擦阻力矩较小，承受的载荷小，耐磨性差；图 2-21（b）所示结构能承受较大载荷，但摩擦阻力矩较大；图 2-21（c）所示结构在承受载荷与摩擦阻力矩方面，介于前两者之间。

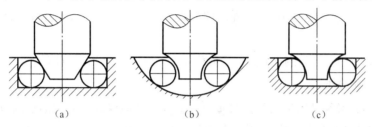

图 2-21　填入式滚珠支承结构

2.3　机电一体化技术中的导向支承

学习目标

- 了解导轨结构、分类、组合形式。
- 掌握导轨的基本要求及导轨材料选用。
- 能进行导轨拆卸、安装与日常维护。

2.3.1　导轨的作用及结构

　　导向支承部件的作用是支承和限制运动部件，按给定的运动要求和规定的运动方向运动。导向支承部件通常被称为导轨副，简称导轨。

　　导轨结构如图 2-22 所示。导轨主要由承导件 1 和运动件 2 两大部分组成。运动方向为直线的称为直线运动导轨，运动方向为回转的称为回转运动导轨。

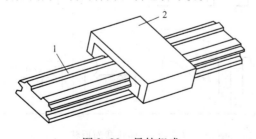

图 2-22　导轨组成
1—承导件；2—运动件

2.3.2 导轨分类

导轨的种类很多,按不同的方式分类,有以下几种:

1. 按导轨运动的轨迹分类

① 直线运动导轨:支承导轨约束了运动导轨的 5 个自由度,仅保留沿给定方向的直线移动自由度。

② 旋转运动导轨:支承导轨约束了运动导轨的 5 个自由度,仅保留沿给定轴线的旋转运动自由度。

2. 按导轨副导轨面间的摩擦性质分类

① 滑动摩擦导轨副:导轨副导轨面间的摩擦为滑动摩擦。

② 滚动摩擦导轨副:导轨副导轨面间安装有滚珠,导轨面摩擦为滑动摩擦,摩擦阻力小。

③ 流体摩擦导轨:导轨副导轨面间充有流体(气体或液体),导轨面摩擦为流体摩擦。

3. 按导轨结构分类

① 开式导轨:必须借助运动件的自重或外载荷,才能保证在一定的空间位置和受力状态下,运动导轨和支承导轨的工作面保持可靠的接触,从而保证运动导轨的规定运动。开式导轨一般受温度变化的影响较小。

② 闭式导轨:借助导轨副本身的封闭式结构,保证在变化的空间位置和受力状态下,运动导轨和支承导轨的工作面都能保持可靠的接触,从而保证运动导轨的规定运动。闭式导轨一般受温度变化的影响较小。

4. 按直线运动导轨的基本截面形状(见图 2-23)**分类**

① 矩形导轨。

② 三角形导轨。

③ 燕尾形导轨。

④ 圆形导轨。

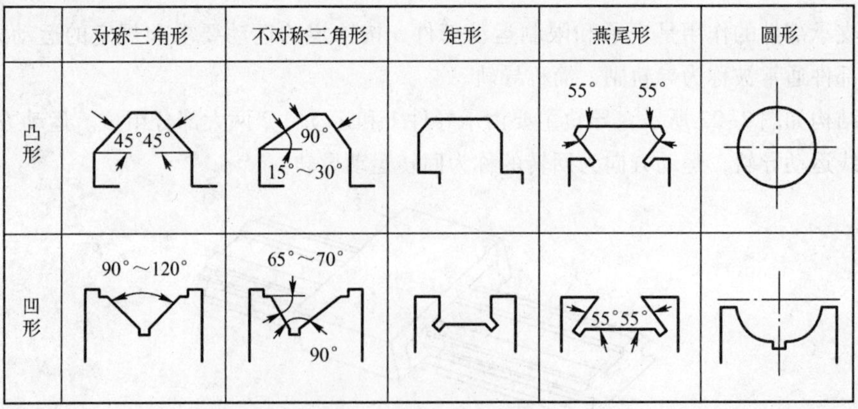

图 2-23　导轨截面形状

2.3.3　导轨组合形式

各种机械执行件的导轨一般由两条导轨组合，高精度或重载下才考虑两条以上的导轨组合。导轨的组合形式有很多，主要有 5 种，如图 2-24 所示。

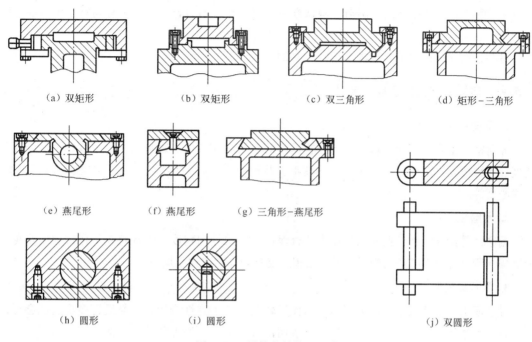

（a）双矩形　　　　（b）双矩形　　　　（c）双三角形　　　　（d）矩形-三角形

（e）燕尾形　　　　（f）燕尾形　　　　（g）三角形-燕尾形

（h）圆形　　　　（i）圆形　　　　（j）双圆形

图 2-24　导轨的结构及组合

1. 双矩形组合

两条矩形导轨的组合突出了矩形导轨的优缺点。侧面导向有以下两种组合：宽式组合，两导向侧面间的距离大，承受力矩时产生的摩擦力矩较小，为考虑热变形，导向面间隙较大，影响导向精度；窄式组合，两导向侧面间的距离小，导向面间隙较小。承受力矩时产生的摩擦力矩较大，可能产生自锁。

2. 双三角形组合

两条三角形导轨的组合突出了三角形导轨的优缺点，但工艺性差，用于高精度机械。

3. 矩形 – 三角形组合

导向性优于双矩形组合，承载能力优于双三角组合，工艺性介于二者之间，应用广泛。但要注意：若两条导轨上的载荷相等，则摩擦力不等使磨损量不同，破坏了两导轨的等高性。设计结构时应注意：一方面要在两导轨面上摩擦力相等的前提下使载荷非对称布置；另一方面要使牵引力通过两导轨面上摩擦力合力的作用线。若因结构布置等原因不能做到，则应使牵引力与摩擦合力形成的力偶尽量减小。

4. 三角形平面导轨组合

这种组合形式的导轨具有三角形和矩形组合导轨的基本特点，但由于没有闭合导轨装置，因此只能用于受力向下的场合。

对于三角形和矩形、三角形和平面组合导轨，由于三角形和矩形（或平面）导轨的摩擦阻力不相等，因此在布置牵引力的位置时，应使导轨的摩擦阻力的合力与牵引力在同一直线上，否则就会产生力矩，使三角形导轨对角接触，影响运动件的导向精度和运动的灵活性。

5. 燕尾形导轨及其组合

燕尾形组合导轨的特点是制造、调试方便；燕尾与矩形组合时，它兼有调整方便和能承受较大力矩的优点，多用于横梁、立柱和摇臂等导轨。

另有其他导轨，如圆形导轨等，如图 2-24 所示。

2.3.4　导轨应满足的基本要求

1. 导向精度

导向精度主要是指动导轨沿支承导轨运动的直线度或圆度。影响它的因素有：导轨的几何精度、接触精度、结构形式、刚度、热变形、装配质量以及液体动压和静压导轨的油膜厚度、油膜刚度等。

2. 耐磨性

耐磨性是指导轨在长期使用过程中能否保持一定的导向精度。因导轨在工作过程中难免有所磨损，所以应力求减小磨损量，并在磨损后能自动补偿或便于调整。

3. 疲劳和压溃

导轨面由于过载或接触应力不均匀而使导轨表面产生弹性变形，反复运行多次后就会形成疲劳点，呈塑性变形，表面形成龟裂、剥落而出现凹坑，这种现象就是压溃。疲劳和压溃是滚动导轨失效的主要原因，为此应控制滚动导轨承受的最大载荷和受载的均匀性。

4. 刚度

导轨受力变形会影响导轨的导向精度及部件之间的相对位置，因此要求导轨应有足够的刚度。为减轻或平衡外力的影响，可采用加大导轨尺寸或添加辅助导轨的方法提高刚度。

5. 低速运动平稳性

低速运动时，作为运动部件的动导轨易产生爬行现象。低速运动的平稳性与导轨的结构和润滑，动、静摩擦因数的差值，以及导轨的刚度等有关。

6. 结构工艺性

设计导轨时，要注意制造、调整和维修方便，力求结构简单，工艺性及经济性好。

2.3.5　导轨的材料选择

1. 铸铁

铸铁有良好的耐磨性、抗振性和工艺性。常用铸铁的种类有：

① 灰铸铁：一般选择 HT200，用于手工刮研、中等精度和运动速度较低的导轨，硬度在 HB180 以上。

② 孕育铸铁：把硅铝孕育剂加入铁水而得，耐磨性高于灰铸铁。

③ 合金铸铁：包括含磷量高于 0.3% 的高磷铸铁，耐磨性高于孕育铸铁一倍以上；磷铜钛

铸铁和钒钛铸铁，耐磨性高于孕育铸铁两倍以上；各种稀土合金铸铁，有很高的耐磨性和机械性能。

2. 钢

镶钢导轨的耐磨性较铸铁可提高 5 倍以上。常用的钢有：9Mn2V、CrWMn、GCr15、T8n、45、40Cr 等采用表面淬火或整体淬硬处理，硬度为 HRC52 ～ 58；20Cr、20CrMnTi、15 等渗碳淬火，渗碳淬硬至 HRC56 ～ 62；38CrMonln 等采用氮化处理。

3. 有色金属

常用的有色金属有黄铜 HPb59 - 1、锡青铜 ZCuSn6Pb3Zn6、铝青铜 ZQA19 - 2 和锌合金 ZZn - A110 - 5、超硬铝 LC4、铸铝 ZL106 等，其中以铝青铜较好。

4. 塑料

镶装塑料导轨具有耐磨性好（但略低于铝青铜），抗振性能好，工作温度适应范围广（- 200℃ ～ + 260℃），抗撕伤能力强，动、静摩擦因数低、差别小，可降低低速运动的临界速度，加工性和化学稳定性好，工艺简单，成本低等优点。目前，在各类机床的动导轨及图形发生器工作台的导轨上都有应用。塑料导轨多与不淬火的铸铁导轨搭配。

2.3.6　滚动直线导轨简介

1. 结构及特点

直线运动滚动导轨是在两导轨面间装入滚动体，将滑动摩擦变为滚动摩擦。

滚动直线导轨由支承件、运动件、滚子、反向器、保持架、密封端盖及挡板等组成，如图 2-25 所示。

图 2-25　滚动直线导轨

滚动直线导轨的特点是摩擦和磨损相对较小，运动速度高，能实现高定位精度和重复定位精度。

2. 滚动导轨分类

（1）按滚动体形状分类

分为滚珠导轨、滚柱导轨、滚针导轨，如图 2-26 所示。

滚珠导轨是点接触，摩擦小，灵敏度高，但承载能力小、刚度低，适用于载荷不大、行程较小，而运动灵敏度要求较高的场合。滚柱导轨是线接触，承载能力和刚度都比滚珠导轨大，适用于载荷较大的场合，但制造安装要求高。滚针导轨尺寸小、结构紧凑、排列紧密、承载能力大，但摩擦相应增加，精度较低，适用于载荷大，导轨尺寸受限制的场合。

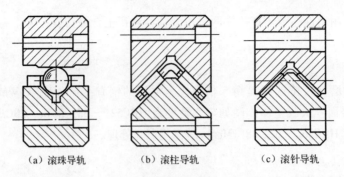

（a）滚珠导轨　　　　（b）滚柱导轨　　　　（c）滚针导轨

图 2-26　滚动导轨滚动体

（2）按滚动体是否循环分类

分为滚动体不循环、滚动体循环两类。

循环式滚动直线导轨滚动体在循环通道中循环滚动，行程不受限制，如图 2-27 所示。

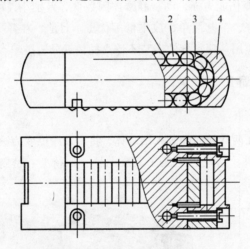

图 2-27　循环式滚动直线导轨
1—本体；2—滚动体；3—导向片；4—反射器

非循环式滚动直线导轨行程受到导轨上滚动体数目的限制，行程不大。

2.4　机电一体化技术中的轴及轴系

学习目标

- 了解机电一体化技术对轴系的基本要求。
- 掌握标准滚动轴承、非标准滚动轴承。
- 掌握机电一体化技术中滑动轴承的使用。
- 能够合理布置安装轴上的零件。
- 能够合理选用轴系用轴承。

2.4.1　机电一体化技术对轴系的基本要求

轴系由轴及安装在轴上的齿轮、带轮等传动部件组成，有主轴轴系和中间传动轴轴系。轴系的主要作用是传递扭矩及传动精确的回转运动，它直接承受外力（力矩）。对于中间传动轴轴系一般要求不高。而对于完成主要作用的主轴轴系的旋转精度、刚度、热变形及抗振性等的要求较高。通常，机电一体化技术对轴系的要求如下：

1. 旋转精度

旋转精度是指在装配之后，在无负载、低转速的条件下，轴前端的径向跳动和轴向窜动量。

2. 刚度

轴系的刚度反映了轴系组件抵抗静、动载荷变形的能力。

3. 抗振性

轴系的振动表现为强迫振动和自激振动两种形式。振动原因有轴系组件质量不匀引起的动不平衡、轴的刚度及单向受力等。它们影响旋转精度和轴承寿命。

4. 热变形

轴系的热变形影响整个传动系统的传动精度、旋转精度及位置精度。温度的升高会使润滑油的黏度发生变化，使轴承的承载能力降低。

5. 轴上零件的布置

轴上传动件的布置是否合理对轴的受力变形、热变形及振动影响较大。

2.4.2　轴系常用轴承的类型与选择

轴系组件所用的轴承有滚动轴承和滑动轴承两大类。滚动轴承有标准滚动轴承、非标准滚动轴承；滑动轴承有液体动压轴承、液体静压轴承、气体动压轴承、气体静压轴承、磁悬浮轴承等。它们特点如表 2-2 所示。

表 2-2　轴系常用轴承及其特点

性能 ＼ 种类	滚动轴承		静压轴承	动压轴承	磁悬浮轴承
	一般滚动轴承	陶瓷滚动轴承			
精度	一般，在预紧无间隙时较高，$1 \sim 1.5\,\mu m$	同一般滚动轴承，$1\,\mu m$	高，液体静压轴承可达 $0.1\,\mu m$，气体静压轴承可达 $0.02 \sim 0.12\,\mu m$，精度保持性好	较高，单油楔 $0.5\,\mu m$，双油楔可达 $0.08\,\mu m$	一般，$1.5\,\mu m$ $\sim 3\,\mu m$
刚度	一般，预紧后较高，并取决于所用轴承形式	不及一般滚动轴承	液体静压轴承高，气体静压轴承较差	液体动压轴承较高	不及一般滚动轴承
抗振性	较差，阻尼比 $\xi = 0.02 \sim 0.04$	同一般滚动轴承	好	较好	较好
速度性能	用于低中速，特殊轴承可用于较高速	用于中高速，热传导率低，不易发热	液体静压轴承可用于各种速度，气体静压轴承用于超高速 $80\,000 \sim 160\,000\ r/min$	用于高速	用于高速 $30\,000 \sim 50\,000\ r/min$

性能 \ 种类	滚动轴承		静压轴承	动压轴承	磁悬浮轴承
	一般滚动轴承	陶瓷滚动轴承			
摩擦耗损	较小，$\mu = 0.002$ ~0.008	同一般滚动轴承	小	启动时摩擦较大	很小
寿命	疲劳强度较低	较长	长	长	长
制造难易	轴承生产专业化标准化	比一般滚动轴承难	自制，工艺要求高。需供油或供气系统	自制，工艺要求高	较复杂
使用维修	简单，用油脂润滑	较难	液体静压轴承供油系统清洁较难。气体静压轴承供气系统清洁度高，但使用维修容易	比较简单	较难
成本	低	较高	较高	较高	高

1. 滚动轴承

（1）标准滚动轴承

标准滚动轴承已标准化、系列化，由专门生产厂家大量生产。分为向心轴承、向心推力轴承和推力轴承等。在轴系中使用轴承时，应根据承载的大小、旋转精度、刚度、转速等要求，选用合适的轴承类型。

在机电一体化系统中，为适应各种不同的要求，开发了许多新型轴承，如陶瓷滚动轴承等。

陶瓷滚动轴承结构与一般滚动轴承结构相同，目前常用的陶瓷材料为 Si3N4。由于陶瓷热传导率低、不易发热、硬度高、耐磨，在采用油脂润滑、轴承内径为 25 ~ 100 mm 时，主轴转速可达 800 ~ 1 500 r/min；在采用油雾润滑的情况下，主轴转速可达 15 000 r/min。陶瓷滚动轴承主要用于中、高速运动主轴的支承。

（2）非标准滚动轴承

当对滚动轴承有特殊要求而又不能采用标准滚动轴承时，就需要根据使用要求自行设计非标准滚动轴承，如微型滚动轴承等。

微型滚动轴承结构如图 2-28 所示。具有杯形外圈，尺寸 $D \geq 1.1$ mm，但没有内环，锥形轴颈直接与滚珠接触，有弹簧和螺母调整轴承间隙，如图 2-28（a）、图 2-28（b）所示。当 $D \geq$ 4 mm 时，可有内环，采用碟形垫圈来消除轴承间隙，如图 2-28（c）所示。

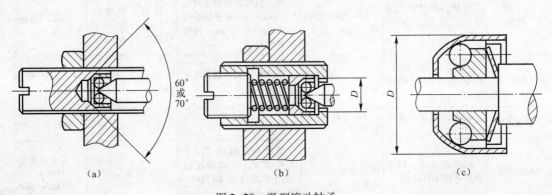

图 2-28　微型滚动轴承

2. 滑动轴承

滑动轴承阻尼性能好、支承精度高、具有良好的抗振性和运动平稳性。按照液体介质的不同，目前使用的有液体滑动轴承和气体滑动轴承两大类。按油膜和气膜压强的形成方法又有动压、静压和动静压相结合的轴承之分。

（1）动压轴承

动压轴承是在轴旋转时，油（气）被带入轴与轴承间所形成的楔形间隙中，由于间隙逐渐变窄，使压强升高，将轴浮起而形成油（气）楔，以承受载荷。其承载能力与滑动表面的线速度成正比，低速时承载能力很低。故动压轴承只适用于速度很高且速度变化不大的场合。

（2）静压轴承

静压轴承是利用外部供油（气）装置将具有一定压力的液（气）体通过油（气）孔进入轴套油（气）腔，将轴浮起而形成压力油（气）膜，以承受载荷。其承载能力与滑动表面的线速度无关，故广泛应用于低速、中速、大载荷、高精度的机器。它具有刚度大、精度高、抗振性好、摩擦阻力小等优点。

液体静压结构与轴承工作原理如图 2-29（a）所示，油腔 1 为轴套 2 内面上的凹入部分，包围油腔的四周称为封油面，封油面与运动表面构成的间隙称为油膜厚度。为了承载，需要流量补偿。补偿流量的机构称为补偿元件，也称节流器，如图 2-29（b）所示。压力油经节流器第一次节流后流入油腔，又经过封油面第二次节流后从轴向（端面）和周向（回油槽 6）流入油箱。

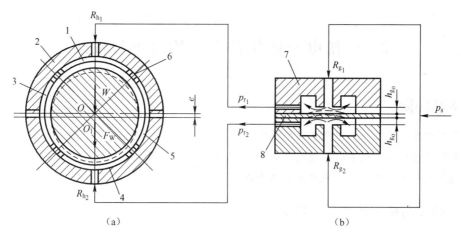

（a）　　　　　　　　　　　　　　　　（b）

图 2-29　液体静压轴承工作原理

1、3、4、5—油腔；2—轴套；6—轴套；7—回油槽；8—金属薄膜

在不考虑轴的重量，且 4 个节流器的液阻相等时，油腔 1、3、4、5 的压力相等，主轴被一层油膜隔开，油膜厚度为 h_0，轴和轴套中心重合。

考虑轴的径向载荷作用时，轴心 O 移至 O_1，位移为 e，各个油腔压力变化，油腔 1 的间隙增大，液阻减小，油腔压力降低；油腔 4 压力升高；油腔 3、5 压力相等。油腔 1、4 压力变化产生的压力差等于 F_w/A，主轴便处于新的平衡位置，即轴向下位移很小的距离，但远小于油膜厚度，轴仍处在液体支承状态下旋转。

节流器的作用是调节支承中各油腔的压力，以适应各自不同的载荷，使油膜具有一定的刚度，以适应载荷的变化。

（3）磁悬浮轴承

悬浮轴承是利用磁场力将轴无机械摩擦、无润滑地悬浮在空间的一种新型轴承。其结构工作原理如图2-30所示。径向磁悬浮轴承由转子6、定子5两部分组成。定子部分装上电磁体，保持转子悬浮在磁场中。转子转动时，由位移传感器4检测转子的偏心，并通过反馈与基准信号进行比较，调节器2根据偏差信号进行调节，并把调节信号送到功率放大器3以改变电磁体的电流，从而改变磁悬浮力的大小，使转子恢复到理想位置。

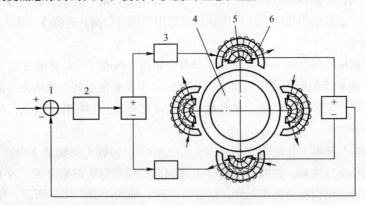

图2-30　磁悬浮轴承结构与原理

1—信号输入；2—调节器；3—功率放大器；4—位移传感器；5—定子；6—转子

2.5　机电一体化技术中的机座与机架

学习目标

- 了解机电一体化技术中机座与机架的作用。
- 理解机电一体化技术对机座与机架的基本要求。
- 能够进行机座与机架的使用维护与保养。

2.5.1　机座与机架的作用、特点

机座与机架是支承其他零部件的基础部件。它既承受其他零部件的重量和工作载荷，又起保证各零部件相对位置的基准作用。机座多采用铸件，机架多由型材装配或焊接构成。

机座与机架的基本特点是尺寸较大，结构复杂，加工面多，几何精度和相对位置精度要求较高。

2.5.2　机座与机架的基本要求

对机座与机架的基本要求有：精度、刚度与抗振性、热变形、稳定性、工艺性、经济性等。

1. 精度

在结构上，应对某些关键表面及其相对位置精度提出相应的精度要求，以保证产品的总体

精度。

2. 刚度与抗振性

刚度是载荷作用下抵抗变形的能力，有静刚度和动刚度之分。恒定载荷作用下抵抗变形的能力称为静刚度；交变载荷作用下抵抗变形的能力称为动刚度。

机座与机架的静刚度，主要是指它们的结构刚度和接触刚度。动刚度与静刚度、材料阻尼及固有振动频率有关。

抗振性是指承受受迫振动的能力；动刚度是衡量抗振性的主要指标。在一般情况下，动刚度越大，抗振性越好。受迫振动的振源可能存在于系统内部，也可能来自于设备的外部。

为提高机座与机架的抗振性，可采取如下措施：

① 提高静刚度，以提高固有振动频率。

② 增加阻尼，以提高动刚度。

③ 在不降低机座与机架静刚度的前提下，减轻重量以提高固有振动频率。

3. 热变形

系统运转时，产生的热量传到机座与机架上，由于不同部位的温差而产生热变形，影响精度。为了减小热变形，可采取以下措施：

① 控制热源。

② 采用热平衡的办法，控制各处的温差。

4. 稳定性

机座与机架的稳定性是指长时间保持其几何尺寸和主要表面相对位置的精度。对铸件机座应进行时效处理，以消除内应力。时效常用方法有自然时效和人工时效。

除以上要求外，还应考虑工艺性、经济性、人机工程等方面的要求。

2.5.3 　机座与机架的结构要点

机座与机架结构必须满足强度、刚度要求，同时又要考虑结构工艺性、安装方式、降低成本、节省材料等。为此，可从以下几方面考虑结构要点：

① 合理选择截面形状和尺寸。

② 合理布置筋板和加强筋。

③ 合理开孔和加盖。

④ 提高机座连接处的加强筋。

⑤ 机座机构工艺性。

⑥ 合理选择机座材料。

【应用与实操训练】

一、实训目标

① 通过对数控车床 Z 轴拆装与调整，进一步熟悉数控车床伺服驱动系统的组成。

② 掌握 Z 轴拆装过程。

二、实训内容

数控机床 Z 轴拆装。

三、实训器材与工具

数控车床一台、内六角扳手一套、月牙扳手、方直木块、拔销器、拉马、活动扳手等相关工具。

四、实训步骤

1. 拆卸电动机

① 拆卸电动机插头，如图 2-31（a）所示。

② 松开电动机联轴器，如图 2-31（b）所示。

③ 拆卸电动机螺钉，如图 2-31（c）所示。

④ 脱开电动机联轴器，如图 2-31（d）所示。

⑤ 拆卸完的电动机如图 2-31（e）所示。

（a）拆卸电动机插头　　　　　　　　（b）松开电动机联轴器

（c）拆卸电动机镙钉　　　　　（d）脱开电动机联轴器　　　　（e）拆卸完的电动机

图 2-31　拆卸电动机

2. 拆卸左端轴承压盖

① 用扳手稳住右侧丝杠末端，松开左端固定螺母，如图 2-32（a）所示。

② 松开压盖，如图 2-32（b）所示。

③ 放入半圆垫圈后重新上紧压盖，如图 2-32（c）所示。

④ 褪出左端固定螺母与左端压盖，如图 2-32（d）所示。

3. 拆卸右端轴承压盖

① 松开右端轴承座固定螺钉，使用拔销器取出销钉和螺钉，松开右侧轴承座，如图 2-33（a）所示。

② 拼装拉马，用拉马拉出右侧轴承座，如图 2-33（b）所示。

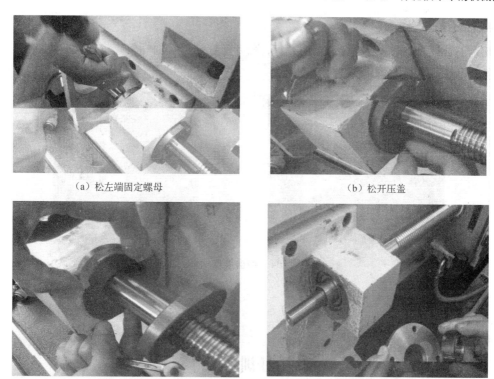

（a）松左端固定螺母　　　　　　　　　（b）松开压盖

（c）放入半圆垫圈　　　　　　　　　　（d）褪左端压盖

图 2-32　拆卸左端轴承压盖

③ 丝杠与左端支承分离并褪出左端轴承，拆掉左支承压盖，用铝棒褪出轴承，如图 2-33（c）所示。将轴承洗净晾干，装配前在轴承相应部位涂上油。

（a）松开右侧轴承座　　　　　　　（b）拉出右侧轴承座

（c）退出轴承

图 2-33　拆卸右端轴承压盖

4. 抽出滚珠丝杆

松开油管接头，松开丝杠螺母端面螺钉，松开丝杠螺母端面螺钉，将丝杆整体抽出，并将滚珠丝杠悬挂，如图2-34所示。

（a）抽丝杆 （b）放置丝杆

图2-34　抽出滚珠丝杆

5. 装配过程

装配过程与拆卸过程相反。

【复习训练题】

1. 简述同步带传动的结构与特点。
2. 简述谐波齿轮结构与工作原理。
3. 简述滚珠丝杆螺母机构结构与传动过程。
4. 滚珠丝杆螺母机构间隙调整方法有哪些？
5. 简述几种常用旋转支承结构及特点。
6. 简述导轨结构、作用与分类方法。
7. 描述几种新型的支承轴承结构与工作原理。
8. 传动装置实操训练。

电子与信息处理技术是机电一体化技术的核心技术。机电一体化技术中的传感检测技术、伺服驱动技术、信息处理技术、系统技术等都广泛使用电子技术。信息处理技术是机电一体化系统的控制中心，是机电一体化设备的总司令部，它类似于人体的大脑。

电子技术理论、信息处理技术的相关理论在先导课程中已经进行过学习，如《电工技术》《电子技术》《PLC》《单片机技术》。本单元主要介绍电子与信息处理技术在机电一体化技术中的实际应用问题。

3.1　机电一体化技术中的电子技术

学习目标

- 了解电子技术在传感检测技术中的应用。
- 了解电子技术在伺服驱动技术中的应用。
- 掌握电子电路的分析方法。

随便翻开一部机电一体化技术的书籍，里面会有大量的电子电路图。电子技术是机电一体化技术的核心支撑技术之一。本节学习一些电子技术在机电一体化技术中的应用实例，后续单元中还会经常涉及电子技术问题。

3.1.1　电子技术在传感检测技术中的应用

1. 传感器的前置放大处理电路

前置放大电路对转换元件送来的微弱电信号进行放大处理。图 3-1 所示为一个前置放大处理电路实例。它由电桥电路、运算放大器电路组成。电桥电路将非电参量转换为微弱的电信号，再由运算放大器放大后，送入后级电路进行进一步处理。

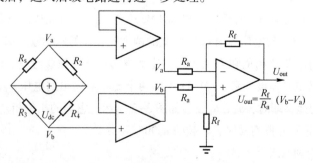

图 3-1　传感器前置放大电路

2. 传感器中的测量电路

传感器由敏感元件、转换元件、测量电路三部分组成。测量电路对转换元件送来的微弱的电信号，进行放大、数/模（A/D）转换、模/数（D/A）转换、调制解调等处理，以满足信号传输、微机处理的要求。

测量电路的种类和构成由传感器的类型决定。常用的测量电路有：电桥电路、放大电路、调制与解调电路、D/A 与 A/D 转换电路等。

（1）电桥电路

电桥电路适用于电参量式传感器。其作用是将被测物理量的变化引起敏感元件的电阻、电感或电容等参数的变化转换为电量（电压、电流、电荷等）。

（2）放大电路

放大电路通常由运算放大器、晶体管等组成，用来放大来自传感器的微弱信号。为得到高质量的模拟信号，要求放大电路具有抗干扰、高输入阻抗等性能。常用的抗干扰措施有屏蔽、滤波、正确接地等方法。屏蔽是抑制场干扰的主要措施，而滤波则是抑制干扰最有效的手段，特别是抑制导线耦合到电路中的干扰。对于信号通道中的干扰，可依据测量中的有效信号频谱和干扰信号的频谱设计滤波器，以保留有用信号，剔除干扰信号。接地的目的之一是为了给系统提供一个基准电位，如接地方法不正确就会引起干扰。

（3）调制与解调电路

由传感器输出的电信号多为微弱的、变化缓慢类似于直流的信号，若采用一般直流放大器进行放大和传送，零点漂移及干扰等会影响测量精度。因此，常先用调制器把直流信号变换成某种频率的交流信号，经交流放大器放大后再通过解调器将此交流信号重新恢复为原来的直流信号形式。

（4）A/D 与 D/A 转换电路

在机电一体化系统中，传感器输出的信号如果是连续变化的模拟量，为了满足系统信息传输、运算处理、显示或控制的需要，应将模拟量变为数字量，或再将数字量变为模拟量，前者就是 A/D 转换，后者为 D/A 转换。

3. 测量电路实例

图 3-2 所示为传感器测量电路实例——光栅位移检测电路原理，它由三部分组成：光栅信号检测电路、移动方向判别电路、位置计数电路。

（1）光栅信号检测电路

光栅信号检测电路由光电晶体管和比较器 LM339 组成。来自光栅的莫尔条纹照到光电晶体管 T_a 和 T_b 上。它们所感应的电信号加到 LM339 的两个比较器的同相输入端上，而在这两个比较器的反相输入端分别由电阻 R_4R_6 和 R_7R_9 形成一定的参考电压，该参考电压应使光栅匀速移动时产生的 u_A、u_B 的高低电平宽度一致。LM339 中的两个比较器输出的电压 u_A、u_B 送到移动方向判别电路中。在光栅匀速移动时，u_A、u_B 波形如图 3-3 所示，它们的相位相差 90°。指示光栅左移时，u_B 超前 u_A90°；指示光栅右移时，u_A 超前 u_B90°。

（2）移动方向判别电路

移动方向判别电路由与门 Y_1、Y_2，异或门 G_1、G_2、G_3 和 4 位寄存器 7495 组成。7495 的数

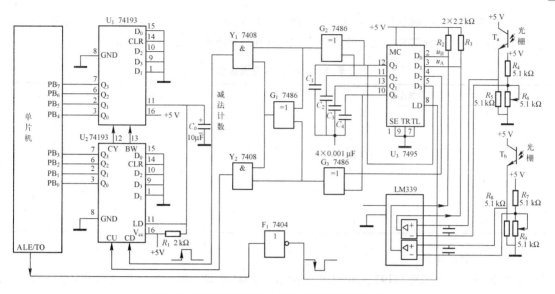

图 3-2　单片机控制的光栅传感器测量电路原理图

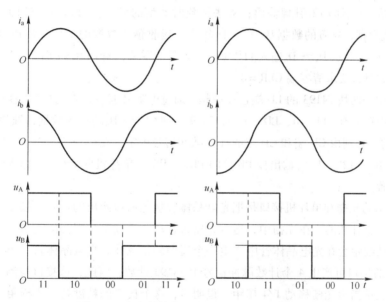

图 3-3　光电晶体管电流及放大后的电压波形

据输入端 D_1 接收 u_A，D_0 接收 u_B，接收脉冲由单片机的 ALE 或 TO 端提供。中间经反相器 F_1 7404 反相。因此，当 7495 接收脉冲端 LD 有脉冲的下降沿产生的，则 u_A、u_B 的电平分别由 D_1 和 D_0 端输入到 Q_1、Q_0；在图 3-3 中看出，无论是光栅左移或右移，u_A、u_B 都是由逻辑电平 00、01、10、11 四种情况组合而成。因此，单从 u_A、u_B 的电平，无法判别出光栅移动方向。为了判别方向，必须考虑 u_A、u_B 的电平变化序列，这是因为它们在光栅移动方向不同时，电平变化序列也跟着不同。

指示光栅左移时，u_A、u_B 电平的变化序列为 00—01—11—10—00；指示光栅右移时，u_A、u_B 电平的变化序列为 00—10—11—01—00。在考虑 u_A、u_B 的现行状态及上次状态时，则有逻辑信号，如表 3-1 所示。从表中看出，当把上次及本次的 u_A、u_B 状态组合成一个数码时，对于指示光栅左移的情况，两端总是不等的，中间两位总是相同的；对于指示光栅右移的情况，两端总是相等的。利用这种明显相反的特点，通过逻辑电平判断出指示光栅的移动方向。

表 3-1　u_A、u_B 逻辑状态

指示光栅左移		指示光栅右移	
上次 u_A、u_B	本次 u_A、u_B	上次 u_A、u_B	本次 u_A、u_B
10	00	01	00
00	01	00	10
01	11	10	11
11	10	11	01
10	00	01	00

（3）位置计数电路

位置计数电路由两块 74193 芯片组成。集成电路 74193 是 4 位可逆计数电路。加法计数时，脉冲信号由 CU 端即 5 引脚输入。减法计数时，计数信号由 CD 端即 4 引脚输入。加法计数时产生的进位信号从 CY 端即 12 引脚输出；减法计数时产生的借位信号从 BW 端即 13 引脚输出。74193 可以预置数据，预置的数据从 $D_3 \sim D_0$ 输入，接收预置数据的工作脉冲信号从 LD 输入：LD = 0，则 74193 接收从 $D_3 \sim D_0$ 输入的数据。CLR 是清零端，当 CLR = 1 时，74193 清零；而在预置数据和计数时，要求清零端 CLR = 0。

在图 3-2 中，两块 74193 的 LD 端连在一起，通过电阻 R_1 接 +5 V，并经电容 C_0 接地。所以，在接通电源瞬间有 CLR = 0，LD = 0，使 74193 接收 $D_3 \sim D_0$ 的输入数据，即使 74193 清零。其后，74193 的内容则由 CU 端和 CD 端的计数脉冲信号确定。在两块 74193 中，U_1 的输出接单片机 PB 口的 $PB_4 \sim PB_7$，U_2 的输出接 PB 口的 $PB_0 \sim PB_3$。单片机取 PB 口的输入数据，也就是取光栅现行位置。

图 3-2 所示的光栅和单片机接口是把光电晶体管从光栅检测出的信号转换成脉冲信号，并且对脉冲信号进行计数的。在光栅中，指示光栅每移动一个栅距，则会使莫尔条纹移动一个纹距；而一个移动纹距会在光电晶体管中产生一个周期的正弦波。光电晶体管一个电流正弦波的周期在图 3-2 的接口可产生 4 个计数脉冲信号由 74193 计数；因此，该接口检测光栅所产生的一个计数脉冲表示指示光栅移动 1/4 栅距。很明显，这个接口的精度达 1/4 栅距。由于一个电流正弦波周期可产生 4 个脉冲，所以这种方法也称 4 倍频方法。从图 3-3 所示的波形和图 3-2 所示的电路结构可知，4 倍频时，计数脉冲分别在电流正弦波 0°、90°、180°和 270°处产生。

显然，单片机和光栅的接口把光栅的位移变化成二进制数据，并且，其量化单位为 1/4 栅距。单片机对接口变换的结果数据进行处理，从而可得出光栅的位移情况及光栅的现行位置。

3.1.2　电子技术在伺服驱动技术中的应用

伺服驱动技术用于精确控制执行机构的转速、转向和位移。控制指令通过接口控制执行机构。伺服驱动技术也将大量使用电子技术，图 3-4 所示为步进电动机三相六拍环形分配器电路原理图。其 3 个输出端引出线分别连接步进电动机 3 个线圈的 A 相、B 相、C 相功率放大器输入端，+X、-X 指转向。这是一个同步时序逻辑电路。用时序电路理论分析，得到表 3-2 所示状

态真值表。

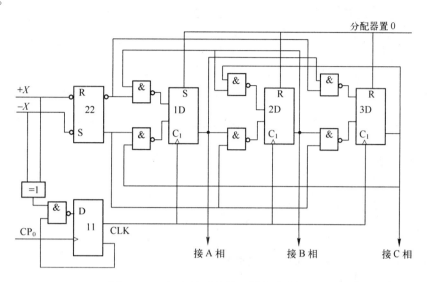

图 3-4　三相六拍环形分配器电路分配图

表 3-2　三相六拍环形分配器真值表

+ X	CP_0	A	B	C	CP_0	– X
0	1	0	0	0	
1	1	1	0	5	
2	0	1	0	4	
3	0	1	1	3	
4	0	0	1	2	
5	1	0	1	1	
0	1	0	0	0	

3.2　机电一体化技术中的信息处理技术

学习目标

● 理解信息处理技术的系统组成。

● 掌握工业控制计算机技术。

● 了解 STD 总线技术。

● 掌握 STD 总线工业控制计算机技术。

　　机电一体化技术中的信息处理技术是系统的控制中枢，是机电一体化设备的指挥中心。它接收各种输入信息，进行运算处理，运算结果即为各种控制指令，通过输出接口电路，控制执行机构的动作。图 3-5 为信息处理电路框图。

　　微处理器的作用是对接收各种输入信息，进行运算处理，输出控制指令。

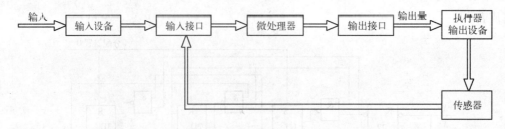

图 3-5　信息处理电路框图

输入设备的作用是接收各种信息。

输出设备的作用是输出控制指令。

接口是子系统之间连接的桥梁。

信息处理技术主要采用计算机控制技术，特别是工业控制计算机技术。

3.2.1　工业控制计算机技术系统硬件组成

在工业环境中使用的计算机控制系统，除去被控对象、检测仪表和执行机构外，其余部分称作"工业控制计算机"，简称"工业控制机"或"工控机"。也就是说，用在工业环境、适应工业要求的计算机系统，它是处理来自检测传感装置的输入，并把处理结果输出到执行机构去控制生产过程，同时可对生产进行监督、管理的计算机系统。

典型的工业控制计算机系统框图如图 3-6 所示，除图中右侧的测控对象、执行机构和传感器以外，其余部分均属于工业控制计算机系统的组成部分。可见，工业计算机控制系统由两大

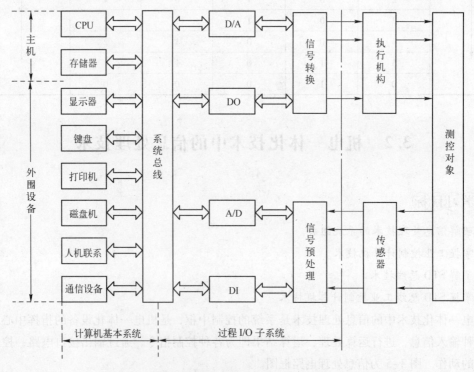

图 3-6　工业控制计算机系统框图

部分组成，即计算机基本系统（系统总线左侧部分）、过程输入/输出（I/O）子系统（系统总线右侧部分）。

计算机基本系统包括主机和外围设备。

1. 主机

主机是由中央处理器（CPU）和存储器组成，它是控制系统的核心。主机根据输入设备送来的实时反映测控对象工作状况的各种信息，以及预定的控制算法，自动地进行信息处理和运算，并通过输出设备向测控对象发送控制命令。

2. 外围设备

常用的外围设备按功能可分为输入设备、输出设备、外存储器和通信设备等。常用的输入设备有键盘、终端和专用操作台等，用来输入程序、数据和操作命令。常用的输出设备有打印机、绘图机、CRT 显示器等，它们以字符、曲线、表格、图形和声音等形式来反映过程工况和控制信息。常用的外存储器有磁盘、磁带等，用来存放程序和数据。通信设备的功能是实现多个不同的控制系统进行信息交换，或构成计算机通信网络。

过程输入/输出子系统，实现计算机与过程对象之间的信息传递，包括过程输入设备和过程输出设备。

过程输入设备由信号预处理、A/D 接口、开关量输入接口（DI）等组成，用来把反映过程状况的各种物理量转换成数字量信号或开关量信号。

过程输出设备由 D/A 接口、开关量输出接口（D_0）以及信号转换部分组成，它们把主机输出的二进制信息转换为适应各种执行机构控制的相应信号。

3.2.2 　工业控制机分类

工业控制机可分为：PLC、单片微型计算机、单回路调节器、总线式工业控制机、分布式计算机控制系统等。机电一体化技术中的信息处理技术主要采用 PLC、单片微型计算机、单回路调节器、总线式工业控制机。

分布式控制系统目前已广泛地应用于大型工业生产过程控制及监测系统中。特别是在大型钢铁厂、电站、机械生产、石油化工过程控制中都有成功应用的实例。但机电一体化技术中的信息处理技术对其不进行讨论。

1. 可编程序控制器（PLC）

PLC 是从早期的继电器逻辑控制系统与微型计算机技术相结合而发展起来的。早先它能代替继电器逻辑控制，现在已发展为一种高性能的计算机实用控制系统。

PLC 是以微处理器为主的工业控制器，处理器以扫描方式采集各种信号。PLC 的典型结构框图如图 3-7 所示。

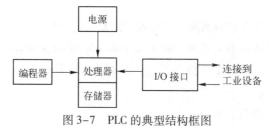

图 3-7　PLC 的典型结构框图

PLC 主要功能有：逻辑运算，定时控制，计数控制，步进控制，A/D、D/A 转换，数据处理，级间通信等。

PLC 的特点如下：

① 工作可靠。

② 可与工业现场信号直接连接。

③ 积木式组合。

④ 编程操作容易。

⑤ 易于安装及维修。

但是，由于 PLC 生产厂家没有统一标准，各个厂家生产的 PLC 互不通用，给用户带来很大的不便。

2. 单片微计算机

单片微计算机是将 CPU、RAM、ROM、定时/计数器、多功能 I/O（并行、串行、A/D）、通信控制器，甚至图形控制器、高级语言、操作系统等都集成在一块大规模集成电路芯片上。

由于单片微计算机的高度集成化，它具有体积小、功能强、可靠性高、功耗小、价格低廉、易于掌握、应用灵活等多种优点，目前已越来越广泛地应用于工业测控领域。

3. 单回路调节器

单回路调节器的基本构成框图如图 3-8 所示。它要处理数字和模拟两种基本信号，检测通道的模拟通入信号 AI_i 经 A/D 转换成数字信号后，存入 RAM 备用。输入开关量信号 DI_i。

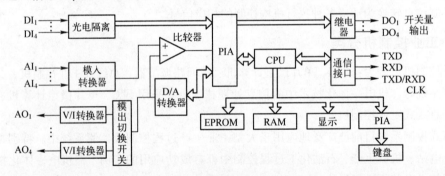

图 3-8　单回路调节器的结构框图

通过光电隔离器经 PIA（外部接口衔接器）进入 RAM 备用。CPU 将存入 RAM 的各种参数和 EPROM 中的各种算法程序，按照系统工艺流程进行运算处理，其结果经 D/A 转换器、多路输出切换开关、模拟保持器和 V/I 转换器，从 AO_i 输出至执行器。输出开关信号通过 PIA 及继电器隔离输出。现场整定参数、操作参数可通过侧面显示和键盘进行人 - 机对话，并可显示各种复杂的程序设定。

单回路调节器多用于过程控制系统，其控制算法多采用 PID 算法，可取代模拟控制仪表。

单回路调节器的应用使一个大系统，即有多个调节回路的系统分解成若干个子系统。子系统之间可以相互独立，也可有一定的耦合关系。复杂的系统可由上位计算机统一管理，组成分布式计算机控制系统。

单回路调节器的主要特点如下：

① 实现了仪表和微机一体化。

② 具有丰富的运算和控制功能。

③ 有专用的系统组态器。

④ 人 – 机接口灵活。

⑤ 便于级间通信。

⑥ 有继电保护和自诊断功能。

目前，单回路调节器在控制算法上实现了自适应、自校正、自学习、自诊断和智能控制等控制方式，提高性能，加速了仪表的更新换代，已成功地应用到各种过程控制领域。

4. 总线式工业控制机

总线式工业控制机即是依赖于某种标准总线，按工业化标准设计，包括主机在内的各种 I/O 接口功能模板而组成的计算机。例如，PC 总线工业控制计算机、STD 总线工业控制计算机等。

总线式工业控制机的典型结构如图 3-9 所示。总线式工业控制机与通用的商业化计算机相比是取消了计算机系统母板；采用开放式总线结构；各种 I/O 功能模板可直接插在总线槽上；选用工业化电源；可按控制系统的要求配置相应的模板；便于实现最小系统。

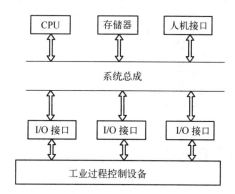

图 3-9   总线式工业控制机的典型结构

目前，这类工业控制机应用较为广泛，如在过程控制、电力传动、数控机床、过程监控等方面 STD 总线工业控制机及 PC 总线工业控制机都有成功的经验。

特别要指出的是，总线式工业控制机的软件极为丰富。例如，PC 总线工业控制机上可运行各种 IBM – PC 软件，STD 总线中工业控制机如选择 8088 芯片的主机板，在固化 MS – DOS 及 BIOS 的支持下，也可以用 IBM – PC 的软件资源。这给程序编制、复杂控制算法等的实现创造了方便的条件。

工业控制机的发展为从事机电一体化领域工作的工程技术人员提供了有力的硬件支持。如何更灵活、有效地使用工业控制机，以最好的功能、最低的成本、最可靠的工作完成机电一体化系统的设计，选择合适的工业控制机及配置是非常重要的。因此，工程技术人员应不断地了解、掌握工业控制机发展的动态及产品的更新换代。表 3-3 所示为 3 种常用工业控制机的性能对比。

表 3-3　3 种常用工业控制机的性能对比

控制装置 比较项目	普通微机系统		工业控制机		可编程序控制器	
	单片（单板）系统	PC 扩展系统	STD 总线系统	工业 PC 系统	小型 PLC（256 点以内）	大型 PLC
控制系统的组成	自行研制（非标准化）	配置各类功能接口板	选购标准化 STD 模板	整机已成系统，外部另行配置	按使用要求选购相应的产品	
系统功能	简单的逻辑控制或模拟量控制	数据处理功能强，可组成功能完整的控制	可组成从简单到复杂的各类测控系统	本身已具备完整的控制功能，软件丰富，执行速度快	逻辑控制为主，也可组成模拟量控制系统	大型复杂的多点控制系统
通信功能	按需自行配置	已备 1 个串行口，再多，另行配置	选用通信模板	产品已提供串行口	选用 RS-232C 通信模块	选取相应的模块
硬件控制工作量	多	稍多	少	少	很少	很少
程序语言	汇编语言	汇编和高级语言均可	汇编语言和高级语言均可	高级语言为主	梯形图编程为主	多种高级语言
软件开发工作量	很多	多	较多	较多	很少	较多
执行速度	快	很快	快	很快	稍慢	很快
输出带负载能力	差	较差	较强	较强	强	强
抗电干扰能力	较差	较差	好	好	很好	很好
可靠性	较差	较差	好	好	很好	很好
环境适应性	较差	差	较好	一般	很好	很好

3.2.3　STD 总线工业控制计算机

1. STD 总线简述

STD 总线是一个通用工业控制的 8 位微型机总线，它定义了 8 位微处理器总线标准，可容纳各种 8 位通用微处理器，如 8085、8088、6800、Z80、8051 等。16 位微处理器出现后为了仍能使用 STD 总线，采用周期窃取和总线复用技术来扩充数据线和地址线。所以，STD 线是 8 位/16 位兼容的总线，可容纳的 16 位微处理器有 8086、80286、8098、68000 等。为了能和 32 位微处理器 80386、80486、68030 等兼容，又定义了 STD32 总线标准，且与原来 8 位总线的 I/O 模板兼容。

STD 总线是 56 条信号的并行底板总线，是由 4 条小总线组成的，如图 3-10 所示，这些小总线具体如下：

① 8 根双向数据线（引脚 7 ～ 14，16 位标准中还包括 16、18、20、22、24、26、28 和 30）。

② 16 根地址线（引脚 15 ～ 30，16 位标准中还包括 7 ～ 14）。

③ 22 根控制线（引脚 31 ～ 52）。

④ 10 根电源线（引脚 1 ～ 6 和 53 ～ 56）。

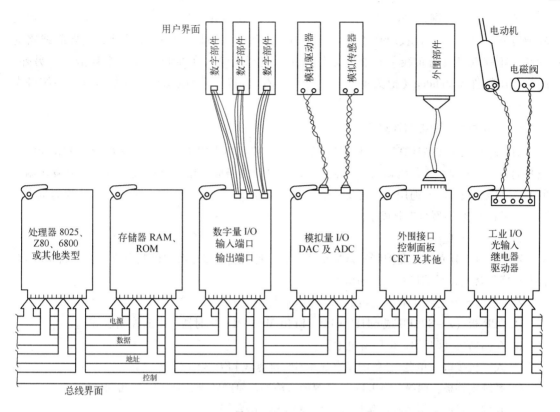

图 3-10　STD 总线结构

2. STD 总线的技术特点

STD 总线有着自己独具特色的优点，因而在工业控制中被广泛采用。概括起来有如下 4 点：

① 小板结构，高度的模板化。STD 产品采用了小板结构，它们所有模板的标准尺寸为 165.1 mm×114.3 mm。这种小板结构在机械强度、抗断裂、抗振动、抗老化和抗干扰等方面具有优越性。它实际上是将大板的功能分解，一块模板只有一种或两种功能，这样便于用户的组装，实现实用的最小系统。

② 严格的标准化，广泛的兼容性 STD 总线具备兼容式总线结构。该总线支持各种 8 位、16 位，甚至 32 位的微处理器，可很方便地将原 8 位系统通过更换 CPU 和相应的软件达到升级，而原来的 I/O 模板不必替换，仍然兼容。

STD 总线模板设计有严格的标准化。比较其他总线，STD 总线的每条信号线都是有严格定义的，这种严格的标准化有利于广泛兼容，因此，不同厂家的产品都可在一个总线内使用。兼容性的另一方面是软件。目前，STD 总线产品有一类采用 Intel 8088/80286CPIJ 系列通过固化 MCS-DOS 及 BIOS，可以与 IBM-PC/X2、/AT 微型机软件系统环境兼容，开发者可利用 IBM-PC 系列丰富的软件资源。

③ 面向 I/O 的设计，适合工业控制应用。许多高性能的总线及总线设计是面向系统性能的提高，及提高系统的吞吐量或处理能力。而 STD 总线是面向 I/O 的。一个 STD 底板可插 8 块、15 块、20 块模板，在众多的功能模板的支持下，用户可方便的组态。

④ 高可靠性工业控制机的关键技术指标就是可靠性，而 STD 总线工业控制具有较高的

可靠性。例如，美国的 Pro – log 公司生产的 STD 总线系列产品提供 5 年的保用期，平均无故障时间（MTBE）已超过 60 年。可靠性的保证除了靠小板结构的优点外，还要靠线路的设计、印制电路板的布线、元器件老化筛选、电源质量、在线测试等一系列措施。另外，固化应用软件 Watchdog（把关定时器，俗称"看门狗"）、掉电源保护等技术也为系统可靠性提供了保障。

3. STD 总线工业控制计算机

STD 总线工业控制计算机就是由某种型号 CPU 芯片构成的主板和按要求配置的 I/O 功能模板共同插在带有总线板的机箱内，再配上相应的电源而组成。在 STD 总线标准下所开发研制出的 I/O 功能模板都具有通用性，可支持各种不同型号 CPU 主板。因此，在 STD 工业控制机家族内，只是以 CPU 的型号来分成不同的系列。

（1）Z80 系列

Z80 系列 STD 总线工业控制机是最早开发的一种机型，Z80 系列以其可靠性高、价格便宜、普及面宽等优点，目前仍有很大的市场。

Z80 系列 STD 总线工业控制机的基本系统硬件组成如下：

① CPU 板（Z–80CPU 或 64180 CPU、EPROM/RAM、定时器、中断控制器等）。

② 存储器板（64 KB，带后备电池）。

③ 人一机接口（单色/彩色图汉字显示/PC 键盘或 LED 显示/小键盘）。

④ 系统支持板：两级 Watchdog、电源掉电检测、总线匹配、日历时钟和 SRAM。

⑤ 软件配置可采用 Z80 汇编语言，扩展 BASIC 语言等。

（2）单片机系列

单片机（Single – Chip Microcomputer）本身就是工业控制机，集成度较高，作为控制应用其功能比较齐全，可靠性和抗干扰性均很优良。康拓公司推出的 STD5000 系列中有采用 8 位的 MCS–51 和 16 位 MCS–96 系列单片机的两种 STD 总线 CPU 板（即 5055 和 5056）。其中，5055 板可选用 MCS–51 系列多种芯片（如 8031、8032、8051、8052、8752、8044、8344、8744 等）插在板上作为 CPU 运行，可以组成多种模式的系统。5056 板则选用 8096/98 单片机，组成 16 位单片 CPU 板，板上还有 4 路 10 位 A/D 输入系统。

这两块 CPU 板可配上单色图形汉字显示子系统，也可采用 LED 显示/小键盘作为人 – 机接口。由以上基本系统和 5000 系列中其他各种 I/O 模板组合，即可构成各种各样的单片机系统，也可以利用 RS –485 总线接口，方便地组成分布式系统。

对于这两种单片机工业控制机的软件开发环境可采用汇编语言及 C –51 和 C –96 或 PL – M –96 高级语言的窗口集成开发软件。

（3）8088 系列

8088 系列 STD 工控机是采用 Intel 8088/8086 系列 CPU 芯片及 NECV20/V40 系列 CPU 芯片组成的主机系统，以固化 MS – DOS 及 BIOS 构成的操作系统，这样使得 8086 系列与 IBM – PCXT/AT、软件系统环境兼容，可以充分利用 IBM – PCXT/AT 丰富的软件资源，使其成为目前工业控制机领域的主流机型。

以康拓公司 STD 5000 系列工业控制机 STD 系统 II 为例，该机是与一台 IBM – PC/AT 完全兼容的 STD 总线工业控制计算机。其功能如下：

① 采用 8088/V20 或采用 V40 CPU 和 8087 协处理器，主频为 4.77 MHz 或 7.16 MHz。

② 内存使用静态 RAM，可扩充到 64 KB。

③ 可支持半导体盘。在现场运行时，可由半导体盘代替一般的软件磁盘。

● ROM 盘，256 KB 或 512 KB。

● RAM 盘 360 KB。

④ 可支持多种档次的图形系统。

⑤ 可支持固化的 MCS – DOS2.1 和 MCS – DOS3.3。

⑥ 支持用高级语言编程的用户程序固化运行。

一个典型的 STD 系统 Ⅱ 的结构框图如图 3-11 所示。

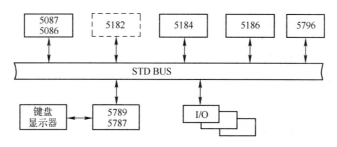

图 3-11　STD 系统 Ⅱ 的结构框图

其组成如下：

① STD 5087：CPU 板（采用 V20 CPU）或 STD 5086 CPU 板（采用 V40CPU）。

② STD 5182：内存扩展板。

③ STD 5184：半导体盘板。

④ STD 5186：软盘驱动器板。

⑤ STD 5787：EGA 卡或 STD 5789 VGA 卡。

⑥ STD 5796：系统支持板。

4. STD 总线工业控制机的功能模板

随着 STD 总线工业控制机在工业中的广泛应用，各类功能模板开发也日趋扩大化，目前 STD 模板的型号已达上千种。除了一些特殊用途的功能模块外，STD 模板大致可分成以下几类：

① 人/机接口模板这类功能模板主要有显示系统、键盘接口、打印接口、汉字库系统等模板。

② 输入/输出接口模板这类模板包括各种开关量 I/O 板，16 位、32 位 TTL 电平或光隔型；大功率晶闸管控制板，包括线性输出控制板；各种 A/D、D/A 板，包括 8 位、12 位、16 位高速的或双积分式 A/D，还有 16 位超高精度的 A/D 板；模拟信号处理板，包括信号调理板，如热电阻、热电偶、应变片信号的交换、放大、滤波等；计数/定时器模板等。

③ 串行通信接口和工业局域网功能模板。这是为工业控制机之间、系统之间的联系、信号交换而研制的，如 RS – 232、RS – 422 接口板，及构成工业局域网的网络控制功能模板等。

3.3 机电一体化技术中的 PLC 技术

学习目标

掌握 PLC 技术在机电一体化技术中的应用。

PLC 技术的基本知识在先导课程中已经学习过。PLC 技术在机电一体化设备上应用较多。下面举一个应用实例——多工步机床技术改造。

在机床行业中，多工步机床由于工步及动作多、控制较复杂，过去采用传统的继电器控制系统控制时，需要很多继电器，且接线复杂，因此故障多、维修困难、费工费时，不仅加大了维修成本，而且影响设备的工效。采用可编程控制器控制，不仅接线大为简化，安装方便，而且保证了可靠性，减少了维修量，提高了工效。

1. 控制要求及加工过程

这里以加工棉纺锭子、锭脚的机床为例进行讲解，它是一种多工步机床，其锭脚加工工艺比较复杂，零件毛坯是实心棒料，整个加工过程由 7 把刀分别按照 7 个工步要求依次进行切削，如表 3-4 所示。

表 3-4　加工工步

工步	工步名称	工步内容	工步动作分解
1	钻孔	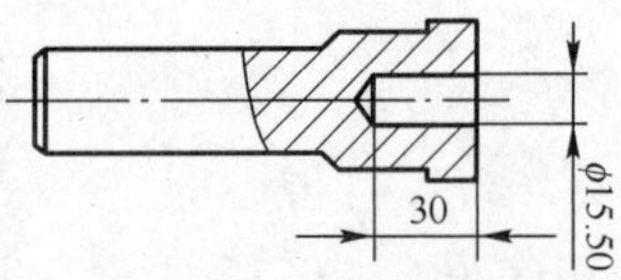	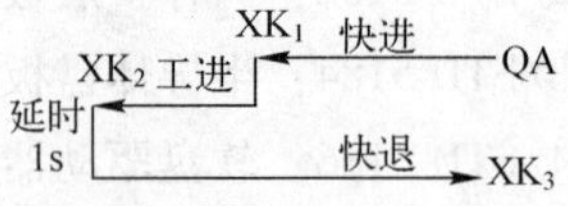
2 3	车平面钻深孔	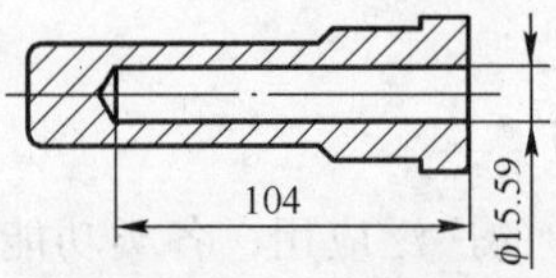	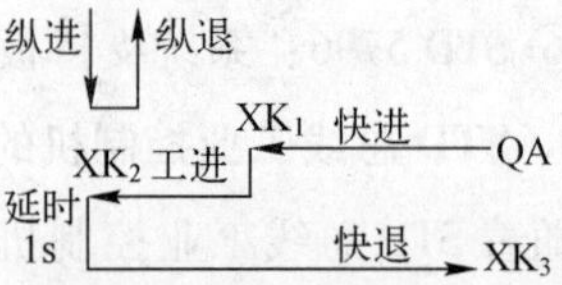
4	车外圆及钻孔	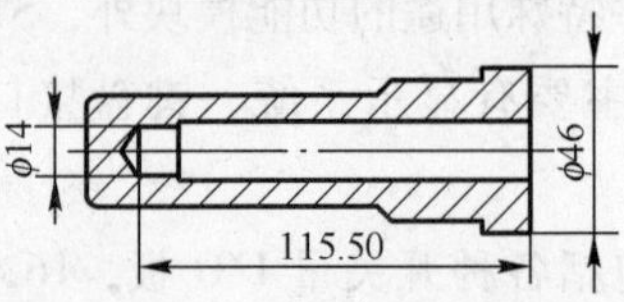	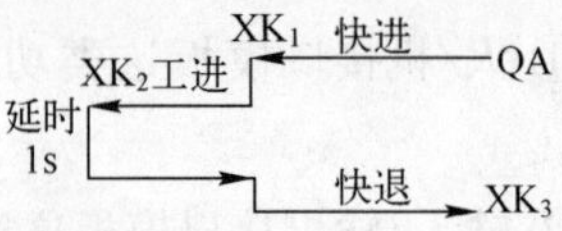
5	粗绞双节孔及倒角	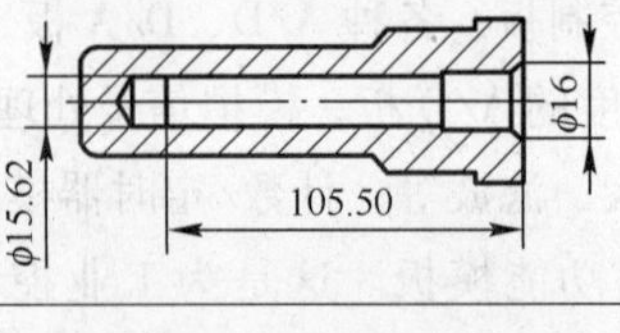	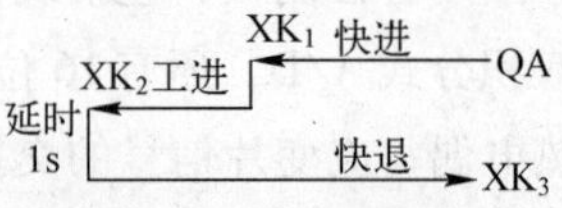
6	精绞双节孔	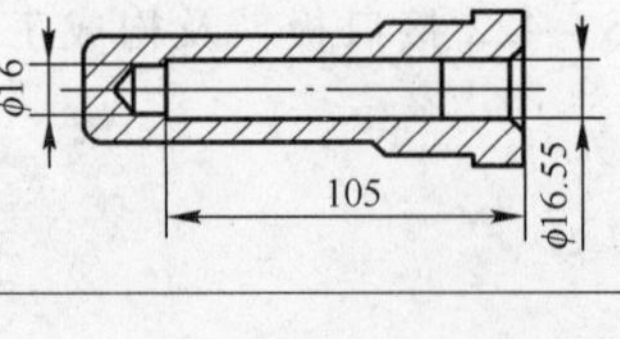	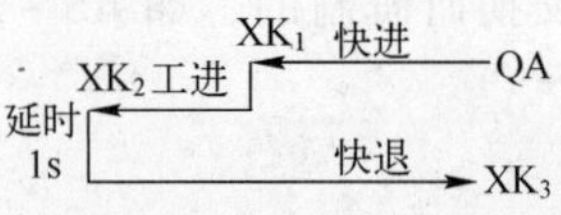

续表

工步	工步名称	工步内容	工步动作分解
7	绞锥孔	∅16.675　0.125	XK₁ 快进 ← QA；XK₂ 工进；延时 1s；快退 → XK₃

该机床由旧六角车床改造而成，六角车床的主电路如图 3-12 所示。M_1 是主轴电动机，M_2 是慢速电动机，M_3 是快速电动机，DT_2 是快、慢速电磁阀。KM_1、KM_2、KM_3 为交流接触器，控制电动机 M_2、M_3 的动作，控制关系如表 3-5 所示。

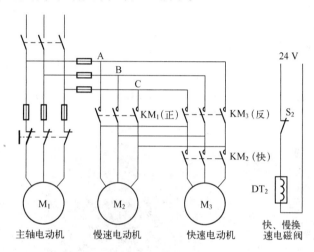

图 3-12　六角车床的主电路

表 3-5　交流接触器与电动机、刀具动作关系

KM₁	KM₂	KM₃	M₂	M₃	刀具动作
ON	ON	OFF	正转	正转	快进
ON	OFF	OFF	正转	停转	工进
OFF	ON	ON	反转	反转	快退
OFF	OFF	ON	反转	停转	工退

加工时，工件由主轴上的夹头夹紧，并由主轴电动机 M_1 带动做旋转运动。大拖板载着六角回转工位台做横向进给运动，其进给速度由工进电动机（慢速电动机）M_2、快进电动机（快速电动机）M_3 经电磁阀（DT_2）离合器带动丝杠控制。小拖板的纵向运动由电磁阀（DT_1）气压驱动。除第 2 把刀（完成二工步，即车平面）是由小拖板纵向运动切削外，其余 6 把刀（完成其余 6 个工步）均由大托板载着六角回转台横向切削，每完成一个工步六角回转工作台转动一个工位，进行下一个工步的切削。在本例只对刀具的进给运动的控制进行分析和设计。

按启动按钮 QA 发出启动命令，各进给运动动作之间的转换由限位开关发出指令。横向快进结束压合限位开关 XK_1，发工进指令；工进结束压合限位开关 XK_2，延时 1s 后横向快退；横向快退结束压合限位开关 XK_3，发纵向进给指令（由一工步转二工步）或发出下一工步快进指令（三工步后），纵向进给结束压合限位开关 XK_4，然后发纵向退回指令和二工步的快进指令，以后各工步的动作将重复前面各工步的内容。另外，各动作之间应设置互锁。即某一个动作进行时，应封锁另一个动作，如快进与工进互锁、纵进与纵退互锁等。

2. 用户 I/O 设备及 I/O 点数

（1）输入设备

启动按钮 QA，限位开关 XK_1、XK_2、XK_3、XK_4。

（2）输出设备

电动机接触器 KM_1（正转）、KM_2（快速）、KM_3（反转），纵向运动电磁阀 DT_1。

由此可确定出所需的可编程控制器 I/O 点数为：

① 5 点输入，1000、1001、1002、1003、1004。

② 4 点输出，2001、2002、2003、2005。

3. PC 的选择及其 I/O 点的分配

本例中工艺过程固定，且 PC 的 I/O 点数较少，可考虑选择整体式可编程控制器，本例选择了 ACMY S256P 型可编程序控制器，如图 3-13 所示。其 I/O 编号的分配与按线图如图 3-14 所示。

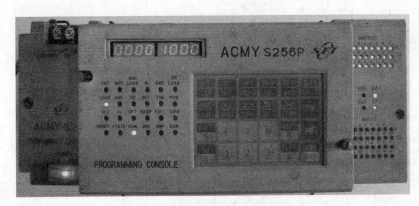

图 3-13　ACMY S256P 型可编程控制器

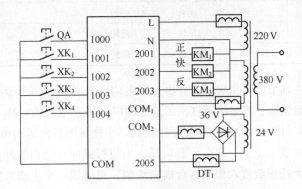

图 3-14　I/O 分配与接线图

4. 控制程序

根据表 3-4 所示的加工工步及控制要求，即可设计出梯形图，如图 3-15 所示。

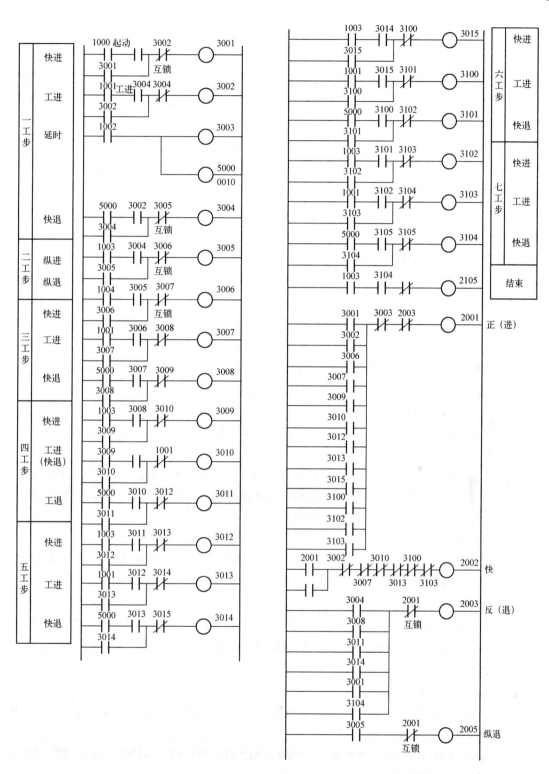

图 3-15　控制梯形图

该梯形图的控制原理如下：

（1）一工步

第一行 3001 控制过程：

按一下 QA，1000→3001 通电吸合并自锁、3002 非互锁，3001 ON，3003 非、2003 非→2001 ON→KM$_1$ ON，M$_2$ 正转，2002 ON→KM$_2$ ON→M$_3$ 正转→刀具快进。

第二行 3002 控制过程：

按下 XK$_1$，1001 ON→3002 ON 并自锁→2001 ON，2002 OFF，KM$_1$ ON，M$_2$ 慢转，KM$_2$ OFF，M$_3$ 停转→刀具工进。

第三行 3003、5000 控制过程：

按下 XK$_2$，1002 ON→3003 通电吸合，5000 开始计时。3003 吸合→2001，2002 OFF，KM$_1$ \ KM$_2$ OFF，M$_2$ \ M$_3$ 同时停转。

第四行 3004 控制过程：

计时时间到，5000 ON→3004 通电吸合并自锁→2003 ON→2002 ON→KM$_3$ ON \ KM$_2$ ON→M$_3$ 反转→刀具快退。

（2）二工步

第五行 3005 控制过程：

按下 XK$_3$，1003 常开触点接通，3005 通电吸合并自锁→2005 ON，DT1 ON 纵进纵退。

（3）三工步

第六行 3006 控制过程：

按下 XK$_4$，1004 ON，3006 通，2001 ON，2002 ON，KM$_1$ \ KM$_2$ ON，M$_2$ \ M$_3$ 正转→刀具快进。

第七行 3007 控制过程：

按下 XK$_1$，1001 ON，3007 通电并自锁，2001 ON，2002 OFF，KM$_1$ ON，KM$_2$ OFF，M$_2$ 正转，M$_3$ 停转，刀具工进。按下 XK$_2$，1002 ON→3003 通电吸合 5000 开始计时。3003 吸合→2001，2002 OFF，KM$_1$ \ KM$_2$ OFF，M$_2$ \ M$_3$ 同时停转。

第八行 3008 控制过程：

计时时间到，5000 ON，3008 通电吸合并自锁，2003、2002 ON，2001 OFF，KM$_2$ \ KM$_3$ ON，M$_2$ \ M$_3$ 反转，刀具快退。

（4）四工步

第九行 3009 控制过程：

按下 XK$_3$，1003 ON，3009 通电吸合并自锁，2001、2002 ON，KM$_1$ \ KM$_2$ ON，M$_2$ \ M$_3$ 正转，刀具快进。

第十行 3010 控制过程：

按下 XK$_1$，1001 ON，3010 通电吸合并自锁，2001 ON，2002 OFF，KM$_1$ ON，KM$_2$ OFF，M$_2$ 正转，M$_3$ 停转，刀具工进。

按下 XK$_2$，1002 ON→3003 通电吸合，5000 开始计时。3003 吸合→2001，2002 OFF，KM$_1$ \ KM$_2$ OFF，M$_2$ \ M$_3$ 同时停转。

第十一行 3011 控制过程：

计时时间到，5000 ON，3011 通电吸合并自锁，2003 ON，2002 ON，KM$_2$ \ KM$_3$ ON，M$_2$ \

M_3 同时反转，刀具快退。

第十二到二十行，重复快进、工进、延时、快退的控制动作，完成五、六、七3个工步动作。

第二十一行按下 XK_3，1003 ON，3105 通电，3104 OFF，3105 OFF，2003、2002 OFF 结束控制过程。

3.4　机电一体化技术中的单片机技术

学习目标

- 掌握单片机控制系统结构形式。
- 掌握单片机控制系统在机电一体化技术中的应用问题。
- 理解数控机床的控制系统。

机电一体化技术中的控制系统，经常使用单片机。前面已对机电一体化产品的控制系统进行了介绍，有 PC 控制系统、单片机控制系统、PLC 控制系统，也有越来越多的可以编程的其他微电子芯片控制系统，对于高职高专职业技术教育来讲，最典型的而且最易于掌握和发展的还是单片机的控制系统。

3.4.1　单片机控制系统的结构形式

单片机控制系统结构紧凑，硬件设计简单灵活，特别是 MCS – 51 系列单片机，以其构成系统的成本低及不需要特殊的开发手段等优点，在机电一体化系统中得到广泛应用。单片机控制系统的结构框图如图 3-16 所示。它由三大组成部分：I/O 子系统、基本系统单片机。

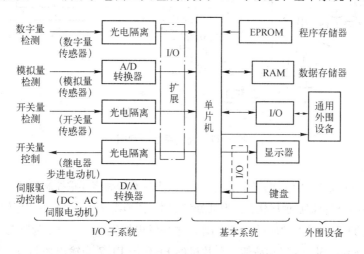

图 3-16　单片机控制系统结构框图

输入通道是将传感器信号经接口电路送入单片机的通道；输出通道是单片机输出信号经接口电路输出到执行器和输出设备的通道。关于输入接口电路、输出接口电路将在单元 7 详细介绍。

3.4.2 单片机控制系统应用实例

单片机控制系统分为两种基本形式：一种称为最小应用系统；另一种称为扩展应用系统。最小应用系统是指用一片单片机，加上晶振电路、复位电路、电源与外设驱动电路组配成的控制系统。扩展应用系统是对数据存储器、I/O 接口进行扩展。

1. 单片机控制系统实例——注塑机单片机控制系统

（1）注塑机控制动作步序（见表3-6）

表3-6　注塑机控制动作步序

步　序	1	2	3	4	5	6	7
动作	合模	送料进	送料退	加热	开模	卸工件	退回
时间/s	1.5	4.5	2	5	1	3.5	1

（2）控制系统原理图（见图3-17）

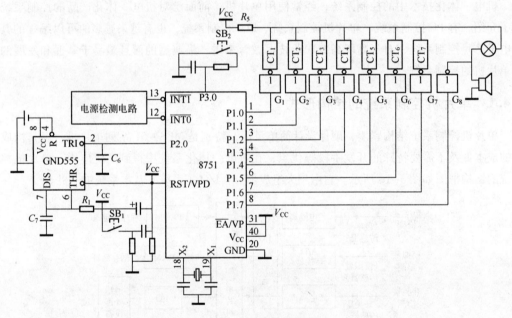

图3-17　控制系统原理图

（3）控制过程分析

该系统是由 8751 单片机组成的最小系统。系统按表3-6 的顺序要求控制相应的电磁继电器动作，当电源掉电时，单片机将保护现场状态；当电源恢复时，注塑机能从掉电时的工序位置开始动作。

图3-17 中的 CT_1 ～ CT_7 为控制注塑动作的电磁继电器组，G_1 ～ G_8 为驱动器，R_5 为限流电阻，SB_1 为复位按钮，SB_2 为启动按钮。单片机的 P1.0 ～ P1.7 为输出控制口，分别与 G_1 ～ G_7 相连，P1.7 用作声光报警输出。555 脉冲发生器接成一个输出脉冲取于 R_1 及 V_{cc} 存在的单稳态触发电路。其输出端（脚3）与单片机复位端脚（RST/VPD）相连。假如电源检测电路检测到电源故障信号并引起 INT0 中断请求，CPU 即进入中断服务程序，将现场的有关数据存入内部 RAM，然后由 P2.0 输出低电平触发 555 翻转；如果 555 定时结束，V_{cc} 仍旧存在，则表明刚才检

测到的掉电信号是伪信号，CPU 将从复位开始操作；如果在 555 定时结束，V_{cc} 确实低于工作允许电压，则 555 在停止期间将保持复位引脚上的电压，直到 V_{cc} 恢复后，在由 R_1、C_7 所决定的一段时间内，还一直保持 RST/VPD 上的高电平，使 CPU 获得可靠的上电复位。

由图 3-17 可以看出，该微机系统提供了注塑机的顺序控制、掉电时的断点保护功能。硬件由单片机和辅助电路组成，程序固化在单片机片内 EPROM 中，数据存在单片机的内部 RAM 中，这种组配可使控制系统的硬件结构十分简单，而且价格低、可靠性高。

2. 单片机控制系统实例——数控机床的数控装置

数控装置是数控系统的核心，有两种类型：一是完全由硬件逻辑电路的专用硬件组成的数控装置，即 NC 装置；二是由计算机硬件和软件组成的计算机数控装置，即 CNC 装置。由于 NC 装置本身的缺点，随着计算机技术的迅猛发展，现在 NC 装置已被 CNC 装置取代。计算机数控系统是由硬件和软件共同完成数控任务的。

数控系统的硬件结构，按 CNC 装置中各电路板的插接方式可分为大板式结构和功能模块式结构；按微处理器的个数可分为单微处理器和多微处理器结构；按硬件的制造方式可分为专用型结构和通用计算机式结构；按 CNC 装置的开放程度可分为封闭式结构、PC 嵌入 NC 式结构、NC 嵌入 PC 式结构和软件型开放式结构。

单微处理器结构是指在 CNC 装置中只有一个微处理器（CPU），CPU 通过总线与存储器及各种接口相连接，采取集中控制、分时处理的工作方式，完成数控系统的各项任务。例如，存储、插补运算、输入/输出控制、CRT 显示等。某些 CNC 装置中虽然用了两个以上的 CPU，但能够控制系统总线的只有一个 CPU，它独占总线资源，其他的 CPU 只是附属的专用职能部件，它们不能控制总线，也不能访问主存储器。它们组成主从结构，故被归属于单微处理器结构中。单微处理器结构框图如图 3-18 所示。

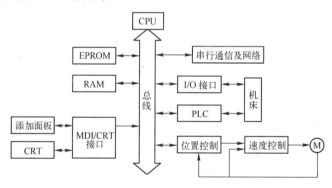

图 3-18　单微处理器结构框图

单微处理器结构的 CNC 系统由微处理器和总线、存储器、位置控制部分、数据输入/输出接口及外围设备等组成。

① 微处理器主要完成信息处理，包括控制和运算两方面的任务。

控制任务根据系统要实现的功能而进行协调、组织、管理和指挥工作，即获取信息、处理信息、发出控制命令。主要包括对零件加工程序输入/输出的控制及机床加工现场状态信息的记忆控制；运算任务是完成一系列的数据处理工作，主要包括译码、刀补计算、运动轨迹计算、插补计算和位置控制的给定值与反馈值的比较运算等。

② 存储器用于存放系统程序、用户程序和运行过程中的临时数据。

存储器包括只读存储器（ROM）和随机存储器（RAM）两种。系统程序存放在只读存储器 EPROM 中，由厂家固化，只能读出不能写入，断电后，程序也不会丢失；加工的零件程序、机床参数、刀具参数存放在有后备电池的 CMOS RAM 中，可以读出，也可以根据需要进行修改；运行中的临时数据存放在随机存储器 RAM 中，可以随时读出和写入，断电后信息丢失。

③ 位置控制部分包括位置单元和速度控制单元。

位置控制单元接收经插补运算得到的每一个坐标轴在单位时间间隔内的位移量，控制伺服电动机工作，并根据接收到的实际位置反馈信号修正位置指令，实现机床运动的准确控制。同时产生速度指令送往速度控制单元，速度控制单元将速度指令与速度反馈信号相比较，修正速度指令，用其差值控制伺服电动机以恒定速度运转。

④ 数据输入/输出接口与外围设备是 CNC 装饰与操作者之间交换信息的桥梁。例如，通过 MDI 方式或串行通信，可将工件加工程序送入 CNC 装置；通过 CRT 显示器，可以显示工件的加工程序和其他信息。

在单微处理器结构中，由于仅由一个微处理器进行集中控制，故其功能将受 CPU 字长、数据字节数、寻址能力和运算速度等因素的限制。

【应用与实操训练】

一、实训目标

通过参观数控机床，并观摩数控机床的维修过程，实操学习机电一体化技术中的电子与信息处理技术。

二、实训内容

图 3-19（a）所示为 HNC-21T 数控系统前面板；图 3-19（b）为数控系统的连线示意图。熟悉操作面板上各按钮的功能并弄清数控系统与外部的连接。

数控机床是采用数字控制技术对机床的加工过程进行自动控制的一类机床，它是数控技术的典型应用。数控系统是实现数字控制的装置。计算机数控系统由输入/输出装置、数控装置（CNC 装置）、可编程序控制器（PLC）、主轴驱动装置和进给驱动装置、I/O 接口等组成。计算机数控系统的组成如图 3-20 所示。

1. CNC 装置硬件的基本组成

CNC 系统的核心是计算机 CNC 装置。CNC 装置主要由硬件和软件两大部分组成。硬件和软件的关系是密不可分的，硬件是系统的工作平台，软件是整个系统的灵魂。数控系统是在软件的控制下有条不紊地完成各项工作的。

2. 操作面板

操作面板是操作人员与机床数控系统进行信息交流的工具，它由按钮站、状态灯、按键阵列（功能与计算机键盘类似）和显示器组成。数控系统一般采用集成式操作面板，分为三大区域：显示区、NC 键盘区、机床控制面板区 [见图 3-19（a）]。

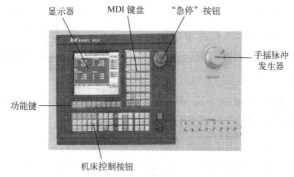

（a）数控系统前面板

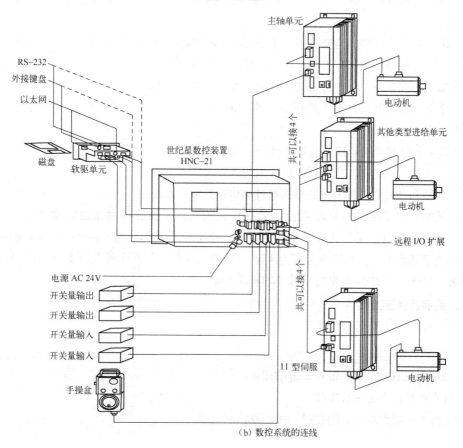

（b）数控系统的连线

图 3-19　HNC-21T 数控系统

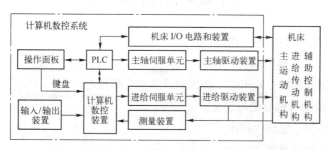

图 3-20　数控系统的组成

① 显示器： 一般位于操作面板的左上部，用于菜单、系统状态、故障报警的显示和加工轨迹的图形仿真。较简单的显示器只有若干个数码管，显示信息也很有限，较高级的系统一般配有 CRT 显示器或点阵式液晶显示器，显示的信息较丰富。低档的显示器或液晶显示器只能显示字符，高档的显示器能显示图形。

② 键盘：包括标准化的字母数字式 MDI 键盘和 Fl ～ F10 十个功能键，用于零件程序的编制、参数输入、手动数据输入和系统管理操作等。

③ 机床控制面板（MCP）：用于直接控制机床的动作或加工过程。不同数控机床由于其所需的动作不同，所配操作面板是不相同的。一般操作面板具有如下按钮与开关：

- 进给轴手动控制按钮（ + X、 − X、 + Y、 − Y、 + Z、 − Z)：用于手动调整时移动各坐标轴。
- 主轴启停与主轴倍率选择按钮：用于控制主轴的启停与正、反转以及调整主轴转速。
- 自动加工启停按钮：用于自动加工过程的启动和暂停。
- 进给保持按钮：用于在自动加工时暂停各坐标轴的进给运动。
- 倍率选择波段开关：用于选择进给速度的倍率（百分比）、手摇脉冲发生器倍率以及点动量。
- 单段运行选择开关：用于选择零件加工的连续进行或单段进行。
- 急停按钮：用于在紧急时刻停止机床的运行。

这些按钮和开关是以开关量的形式通过接口送给数控系统的。

手摇脉冲发生器（MPG）在数控机床操作面板上，手摇脉冲发生器倍率为 ×1、 ×10、 ×100、 ×1 000，当选择某某为运动轴后，正转或反转摇动 MPG，此时 MPG 每个脉冲代表的运动距离取决于其倍率，例如轴分辨率为 1 μm，倍率为 ×1 时，MPG 所发每个脉冲轴移动 1 μm，而倍率为 ×1 000 时，MPG 所发每个脉冲轴移动 1 000 μm。

三、实训器材及工具

HNC – 21T 数控系统。

四、实训步骤

① 参观实操 HNC – 21T 数控系统前面板。

② 对实操数控系统进行连线。

③ 了解实操操作面板上的按键、按钮及控制过程。

【复习训练题】

1. 学会熟练分析电子电路的工作原理。

2. 学会熟练分析 PLC 梯形图。

3. 何为工业控制计算机？常用的工业控制计算机有哪几类？

4. 简述 STD 总线的引脚分配与定义。

5. 绘制单片机控制系统结构框图。

6. 分析数控机床数控系统。

单元❹ 机电一体化技术中的传感技术

传感技术是机电一体化技术的重要技术之一。各种各样先进实用的传感器，实时监测机电一体化设备的运行数据，送入控制系统，作为程序运算的依据，使设备完成自动控制。可以这样说，没有现代先进的传感技术，就没有机电一体化设备。

4.1 传感技术概述

学习目标

- 理解传感器的定义与作用。
- 掌握传感器的组成。
- 了解传感器的分类。

4.1.1 传感器的定义及作用

依照中华人民共和国国家标准 GB/T 7665—2005《传感器通用术语》的规定，传感器的定义是："能感受被测量并按照一定的规律转换成可用输出信号的器件或装置，通常由敏感元件和转换元件组成"。

传感器的作用包括：信息的采集、信息的转换、信息的处理。

由定义可知，传感器能够感知被测量，并将被测量转换成另一种量，如电量。在机电一体化技术中，传感器实时检测机电一体化设备运行的各种参数，并转换成电信号，送入控制系统，作为程序运算的依据。

4.1.2 传感器的组成

传感器通常由敏感元器件、转换元器件、测量电路及辅助电源组成，如图 4-1 所示。

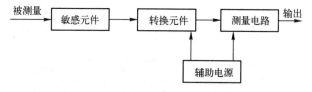

图 4-1 传感器组成框图

1. 敏感元件

敏感元件是传感器中能直接感受或响应被测量的部分，是直接感受被测物理量，并以确定关系输出另一物理量的元件（如弹性敏感元件将力、力矩转换为位移或应变输出）。

61

2. 转换元件

转换元件是指传感器中能将敏感元件感受或响应的被测量转换成适于传输或测量的电信号部分。将敏感元件的输出信号转换成电路参数（电阻、电感、电容）及电流或电压等电信号。

3. 测量电路

测量电路是把转换元器件输出的电信号变换为便于处理、显示、记录、控制和传输的可用电信号。其电路的类型视转换元器件的不同而定，经常采用的有电桥电路和其他特殊电路，例如高阻抗输入电路、脉冲电路、振荡电路等。

4. 辅助电源

辅助电源提供转换能量，有的传感器需要外加电源才能工作，例如应变片组成的电桥、差动变压器等；有的传感器则不需要外加电源便能工作，例如压电晶体等。

4.1.3 传感器的分类

在实际工程应用中，传感器的种类很多。比较常用的分类方法如表 4-1 所示。

表 4-1 传感器的分类

分 类 依 据	类 别
传感器的工作原理	电阻式传感器
	电容式传感器
	电感式传感器
	压电式传感器
	霍尔式传感器
	光电式传感器
	光栅式传感器
	热电偶式传感器
被测量（或传感器的用途）	位移传感器
	力传感器
	速度传感器
	温度传感器
	流量传感器
	气体传感器
	物位传感器
	成分传感器
	开关型传感器
	模拟式传感器
	数字式传感器
输出信号的性质	开关型传感器
	模拟式传感器
	数字式传感器

4.2　机电一体化技术中的位移传感器

学习目标

- 了解感应同步器结构与原理。
- 了解旋转变压器结构与原理。
- 学习光栅结构与原理。

位移传感器用于位移检测。机电一体化技术中经常需要检测位移，如数控机床进给量检测。下面介绍几种机电一体化技术中的常用传感器。

4.2.1　感应同步器

感应同步器是应用电磁感应定律把位移量转换成电量的传感器。感应同步器是一种高精度位移（直线位移、角位移）传感器。按其结构特点可分为直线式和旋转式两种。直线式感应同步器广泛应用于坐标镗床、坐标铣床及其他机床的定位数控和数显。旋转式感应同步器常用于精密机床或测量仪器的分度装置等，也用于雷达天线定位跟踪。

1. 直线感应同步器的结构

直线感应同步器由定尺和滑尺组成，定尺和滑尺作相对平行移动，定尺和滑尺之间有均匀气隙，在全程上保持（0.25 ± 0.05）mm。标准型感应同步器的定尺长为 250 mm，表面制有连续绕组，绕组节距为 2 mm。节距是衡量感应同步器精度的主要参数，工艺上要保证其节距的精度。滑尺上制有两组分段绕组，即正弦绕组（S）和余弦绕组（C），两者相对于定尺绕组在空间错开 1/4 节距，如图 4-2 所示。图 4-2（a）为结构图，图 4-2（b）为绕组图。

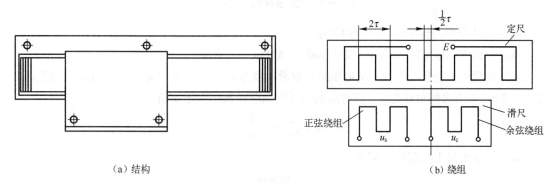

（a）结构　　　　　　　　　　　　　　　（b）绕组

图 4-2　直线感应同步器的结构和绕组 2τ – 绕组节距

2. 直线感应同步器的工作原理

（1）工作原理描述

工作时，定尺和滑尺分别固定在被测物体的固定部分和运动部分。在滑尺任一绕组中通以一定频率的交流电压，由于电磁感应，在定尺绕组中产生电压，其幅值和相位与励磁电压有关，也与定尺与滑尺的相对位移有关。

图4-3所示为滑尺绕组相对于定尺绕组处于不同的位置时，定尺绕组中电压的变化情况。当只给滑尺上正弦绕组加励磁电压时，在 A 位置，滑尺绕组与定尺绕组重合，这时定尺绕组中穿入的磁通最多，为最大耦合，电压最大；如果滑尺相对定尺从 A 点逐渐向右平行移动，电压就随之逐渐减小，在两绕组刚好错开 1/4 节距的位置 B 点时，定子线圈中穿入和穿出的磁通量相等，互相抵消，电压为零；再继续移动到 1/2 节距的位置 C 点时，电压与 A 位置相同，但其极性相反；其后，当到达 3/4 节距的 D 点时，又变为零；在移动了一个节距到达 E 点时，情况与 A 点相同。因此，滑尺在移动一个节距的过程中，感应同步器定尺绕组的电压近似于余弦函数变化了一个周期。

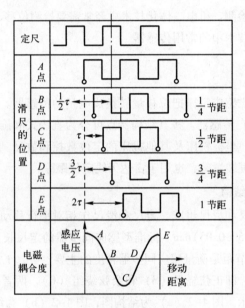

图4-3 直线感应同步器原理

（2）输入位移与输出感应电压的关系

通过对输出感应电压的测量，就可精确地测量输入位移量。

当只给滑尺上正弦绕组加励磁电压时，设滑尺绕组的节距为 2τ，它对应的电压以余弦函数变化了 2π，若滑尺的位移为 X，则对应的电压以余弦函数将变化 α 角

$$\alpha = \frac{X}{2\tau}2\pi = \frac{X}{\tau}\pi \tag{4-1}$$

若 u 表示滑尺上正弦励磁电压

$$u = U_m \sin\omega t$$

则定尺绕组中的电压 u_2 为

$$u_2 = Ku\cos\alpha\sin\omega t = KU_m\sin\omega t\cos\frac{\pi}{\tau}X \tag{4-2}$$

即输出电压 u_2 与位移有关，再用测量电路就可测量位移。

式中：K——系数；U_m——幅值。

3. 直线感应同步器的测量电路

根据对滑尺两个正交绕组供电方式的不同，以及对输出电压检测方式的不同，感应同步器

的测量系统分为鉴相型和鉴幅型两种，前者是通过检测感应电压的相位来测量位移的，后者是通过检测感应电压的幅值来测量位移的。

（1）鉴相型测量电路

鉴相型测量电路框图，如图 4-4 所示。

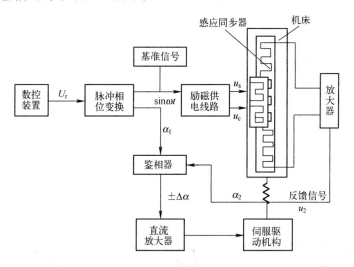

图 4-4　鉴相型测量电路框图

给滑尺正余弦绕组分别通以幅值相同、频率相同但相位相差 90°的交流电压，即

$$u_s = U_m \sin\omega t \qquad u_c = U_m \cos\omega t$$

当 $u_s = U_m\sin\omega t$，$u_c = 0$ 时，定尺绕组上的电压为

$$u_{2s} = KU_m\cos\alpha = KU_m\cos\alpha\sin\omega t$$

当 $u_c = U_m\cos\omega t$，$u_s = 0$ 时，定尺绕组上的电压为

$$u_{2c} = -KU_m\sin\alpha\cos\omega t$$

当对滑尺的正、余弦绕组同时供电时，按照叠加原理，定尺绕组上的输出电压 u_2 是前两种情况所感应的电压的叠加：

$$u_2 = u_{2s} + u_{2c} = KU_m\sin\left(\omega t - \frac{\pi}{\tau}X\right) \tag{4-3}$$

（2）鉴幅型测量电路

图 4-5 为鉴幅型测量电路框图。

要求给滑尺的正余弦绕组分别通以频率相同、相位相同，但幅值不同的交流电压。即

$$u_s = U_{ms}\sin\omega t \qquad u_c = U_{mc}\sin\omega t$$

当对滑尺的正、余弦绕组同时供电时，由叠加定理得定尺绕组上的电压为

$$u_2 = K\sin\omega t(U_{ms}\cos\alpha - U_{mc}\sin\alpha) \tag{4-4}$$

4. 旋转式感应同步器

旋转式感应同步器由定子和转子两部分组成，它们呈圆片形状，用直线式感应同步器的制造工艺制作两绕组，如图 4-6 所示。定子、转子分别相当于直线式感应同步器的定尺和滑尺。

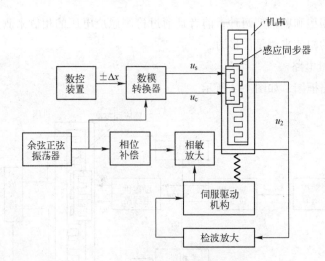

图 4-5　鉴幅型测量电路框图

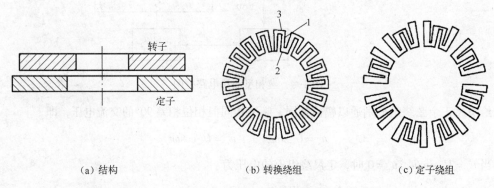

（a）结构　　　　　　　　（b）转换绕组　　　　　　　　（c）定子绕组

图 4-6　旋转式感应同步器

目前，旋转式感应同步器的直径一般有 50 mm、76 mm、178 mm 和 302 mm 等几种。径向导体数（极数）有 360、720 和 1 080 几种。转子是绕转轴旋转的，通常采用导电环直接耦合输出，或者通过耦合变压器，将转子初级感应电动势经气隙耦合到定于次级上输出。旋转式感应同步器在极数相同情况下，同步器的直径越大，其精度越高。

4.2.2　旋转变压器

旋转变压器是一种利用电磁感应原理将转角变换为电压信号的传感器。由于它结构简单，动作灵敏，对环境无特殊要求，输出信号大，抗干扰好，因此被广泛应用于机电一体化产品中。

1. 旋转变压器的结构

旋转变压器在结构上与两相绕组式异步电动机相似，由定子和转子组成，分有刷和无刷两种。

有刷旋转变压器结构如图 4-7（a）所示。由转子、定子绕组、转子绕组、接线柱、电刷、整流子等组成。

无刷旋转变压器结构如图 4-7（b）所示。它由两套绕组组成：一套绕组称为分解器，有定子绕组、转子绕组；另一套绕组称为变压器，也有定子绕组、转子绕组。分解器转子绕组与变压器转子绕组都安装在转轴上，随转轴一起转动。

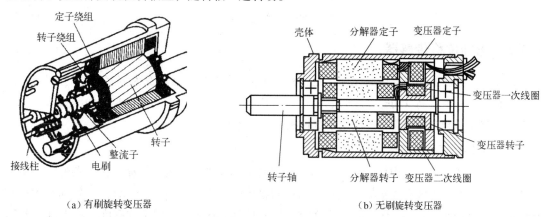

（a）有刷旋转变压器　　　　　　　　　　（b）无刷旋转变压器

图 4-7　旋转变压器结构

2. 旋转变压器的工作原理

当从一定频率（频率通常为 400 Hz、500 Hz、1 000 Hz 及 5 000 Hz 等几种）的激磁电压加于定子绕组时，转子绕组的电压幅值与转子转角成正弦、余弦函数关系，或在一定转角范围内与转角呈正比关系。前一种旋转变压器称为正余弦旋转变压器，适用于大角位移的绝对测量；后一种称为线性旋转变压器，适用于小角位移的相对测量。

旋转变压器是利用互感原理工作的，如图 4-8 所示。当给定子绕组加上励磁电压，通过电磁耦合，转子绕组将产生电压，其输出电压的大小取决于定子和转子两个绕组轴线在空间的相

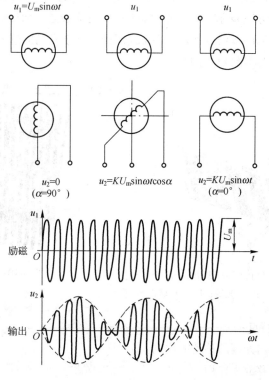

图 4-8　旋转变压器原理

对位置。两者平行时其值最大，两者垂直时，其值为零。即

$$u_2 = Ku_1\sin\alpha = KU_m\sin\omega t\sin\alpha \tag{4-5}$$

4.2.3　光栅位移传感器

光栅是一种新型的位移检测元件，是一种将机械位移或模拟量转变为数字脉冲的测量装置。其特点是测量精确度高（可达 1 μm）、响应速度快、量程范围大、可进行非接触测量等。其易于实现数字测量和自动控制，广泛用于数控机床和精密测量中。

1. 光栅位移传感器结构

光栅位移传感器的结构如图 4-9 所示。它主要由标尺光栅、指示光栅、光电器件和光源等组成。通常，标尺光栅和被测物体相连，随被测物体的直线位移而产生位移。一般标尺光栅和指示光栅的刻线密度是相同的，而刻线之间的距离 W 称为栅距。光栅条纹密度一般为每毫米 25 条、50 条、100 条、250 条等。

2. 光栅位移传感器工作原理

光源透过标尺光栅、指示光栅到达光电管的光线强度周期性变化。标尺光栅每移动一个栅距，光线强度变化一个周期，经电子电路产生一个脉冲信号。用电子电路计算脉冲数量 N，乘以栅距 W，即为所测位移。

3. 莫尔条纹

如果把两块栅距 W 相等的光栅平行安装，且让它们的刻痕之间有较小的夹角 θ 时，这时光栅上会出现若干条明暗相间的条纹，这种条纹称为莫尔条纹，它们沿着与光栅条纹几乎垂直的方向排列，如图 4-10 所示。莫尔条纹是光栅非重合部分光线透过而形成的亮带，它由一系列四棱形图案组成，如图中的 $d-d$ 线区所示。$f-f$ 线区则是由于光栅的遮光效应形成的。莫尔条纹既可测量位移大小，又可测量位移方向。

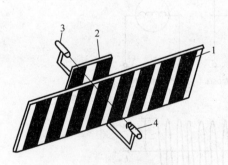

图 4-9　光栅位移传感器的结构

1—标尺光栅；2—指示光栅；3—光源；4—光电转换

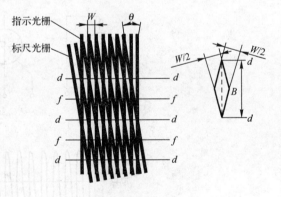

图 4-10　莫尔条纹

莫尔条纹具有如下特点：

① 莫尔条纹的位移与光栅的移动成比例。

② 莫尔条纹具有位移放大作用。

③ 莫尔条纹具有平均光栅误差的作用。

4.3　机电一体化技术中的速度传感器

学习目标

- 了解直流测速发电机速度检测原理。
- 了解脉冲编码器检测原理。
- 了解霍尔转速传感器检测原理。
- 了解磁电转速传感器转速检测原理。

在机电一体化技术中，经常使用速度传感器检测速度。

4.3.1　直流测速发电机

直流测速发电机是一种测速元件，可将输入的机械转速变为电压信号输出，在机电一体化系统的速度控制和位置控制单元得到应用。它常作为伺服电动机的检测传感器，将伺服电动机的实际转速转换为电压和脉冲，与给定电压进行比较，发出速度控制信号，以调节伺服电动机的转速。测速发电机的输出电压必须与转速成正比。

直流测速发电机就是一台微型的直流发电机。根据定子磁极激磁方式的不同，直流测速机可分为电磁式和永磁式两种。直流测速发电机结构与工作原理如图 4-11 所示。

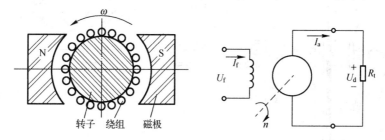

图 4-11　直流测速发电机的结构与原理

I_f—励磁电流；I_a—电枢电流；U_d—输出电压；n—发电机转速

根据直流电机的理论推导，直流测速发电机的输出电压与转速成正比，即

$$U_d = Cn$$

因此，可用输出电压表示转速。式中的 C 指系数。

测速发电机的特点：线性度好、灵敏度高和输出信号强等。故在机电一体化系统中广泛应用于检测和自动调节电机转速。检测范围 20～400 r/min，精度 0.2%～0.5%。

4.3.2　脉冲编码器

编码器是一种旋转式的将角位移用脉冲形式表示的传感器，故又称脉冲编码器。常用它作为速度检测装置。其特点是：精度高、分辨率高、可靠性高。

脉冲编码器按码盘的读取方式分为光电式、接触式和电磁式。

光电脉冲编码器按它每转发出脉冲数的多少来分，又有多种型号。数控机床上最常使用的有 2 000 P/r、2 500 P/r 和 3 000 P/r 等；在高速、高精度数字伺服系统中，应用高分辨率的脉冲编码器，如 20 000 P/r、25 000 P/r 和 30 000 P/r 等。现在有每转能产生几十万个脉冲的脉冲编码器，其内部使用了微处理器。

光电式脉冲编码器按测量的坐标系可分为增量式和绝对式脉冲编码器。

1. 增量式光电脉冲编码器

（1）结构

增量式光电脉冲编码器的结构如图 4-12 所示，它由光源、聚光镜、光电盘、光栏板、光电管、整形放大电路和数字显示装置等组成。在光电盘的圆周上等分地制成透光狭缝，其数量从几百到上千条不等。光栏板上有两条相距为 1/4 节距的辨向狭缝，两条辨向狭缝后各安装一个光电元件。

（2）工作原理

当光电盘与工作轴一起旋转时，光电元件把通过光电盘和光栏板射来的忽明忽暗的光信号（近似于正弦信号）转化为电信号，经放大、整形电路的变换后变成脉冲信号。通过计量脉冲的数目和频率即可测出工作轴的转角和转速，如图 4-12（b）所示，也可由传动关系换算为直线位移。例如，传动丝杠的螺距为 4 mm，圆盘每圈可发出 400 个脉冲，则与每个脉冲相当的直线位移（即脉冲当量）为 4 mm/400 = 0.01 mm。在圆盘的里圈不透光圆环上还刻有一条透光条纹，用来产生圈数脉冲信号。

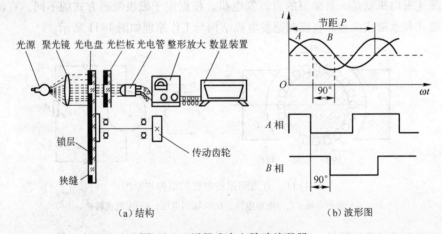

图 4-12　增量式光电脉冲编码器

由于光线透过圆光栅（光电盘）和指示光栅（光栏板）的线纹在光电元件上形成明暗交替变化的线纹，产生两组近似于正弦波的电流信号 A 与 B，两者的相位相差 90°，经放大、整形电路变成方波，如图 4-12（b）所示。若 A 相超前于 B 相，对应电动机做正向旋转；若 B 相超前于 A 相，对应电动机做反向旋转。若以该方波的前沿或后沿产生计数脉冲，可以形成代表正向位移和反向位移的脉冲序列。此外，还有圈数脉冲信号，可用作加工螺纹时的同步信号。

2. 绝对式光电脉冲编码器

（1）绝对式光电编码器结构

绝对式光电编码器的结构如图 4-13 所示，A 是光电元件，B 是刻有窄缝的光栅，C 是绝对式码盘，D 是光源（发光二极管），E 是旋转的轴。它使用具有多通道二进制码盘，码盘的绝对角位移是由各通道的透光与不透光部分组成的二进制数表示，通道越多分辨率就越高。码盘的代码化方式有多种，要求能够防止出现误读，而且要容易进行代码转换。最常用的是二进制编码盘及格雷编码盘，如图 4-14 所示，其特点是从一个计数状态到下一个计数状态的过程中，只有一位码改变，因此在格雷码的译码器中，不会产生竞争冒险现象，即不易误读，与纯二进制码相比，误读误差最小。每个码道设置一个光源，如发光二极管，同时对应码道配置感光器件。编码盘的转轴直接接触被测物的转轴。

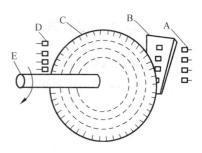

图 4-13　绝对式光电编码器结构

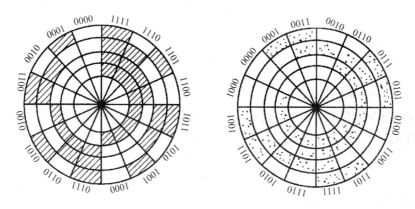

图 4-14　绝对式光电编码器码盘结构

（2）绝对式光电编码器工作原理

工作时，光线经过码盘透光与不透光区，在码盘另一侧形成光脉冲，光脉冲照射到光电元件上产生相应的电脉冲，再经信号处理电路放大整形后输出与编码盘位置对应的格雷码位置信号，所以码盘转到任一位置，传感器均可输出对应的数字码，待确定的角位移就可用二进制数表示。

对于 N 位的绝对值编码器，其分辨率为 $360°/2^N$；分辨精度为 $1/2^N$。

绝对值编码器的特点如下：

① 可以直接读出角度坐标的绝对值。

② 没有累积误差。

③ 电源切除后位置信息不会丢失。

④ 允许的最高旋转速度比增量式编码器高。但是，为了提高读数精度和分辨率，必须提高通道数（即二进制的位数），使构造变得复杂，价格较贵。

目前，接触式码盘一般可以做到 9 位二进制（码盘上有 9 圈数字码道，在 360°范围内可编数码为 $2^9 = 512$ 个），而光电式码盘可做到 18 位二进制。如果要求更多位数，则用单片码盘就有困难，可以采用组合码盘，即一个粗计码盘和一个精计码盘。精计码盘转一圈，粗计码盘转最低位的一格。如果这是用两个 9 位二进制码盘组合的，即可得到相当于 18 位的二进制位数，因而使读数精度大大提高。

4.3.3 霍尔转速传感器

1. 霍尔转速传感器结构

霍尔转速传感器由霍尔开关、集成电路、转盘等组成，转盘上安装有多对小磁钢。其结构如图4-15所示。

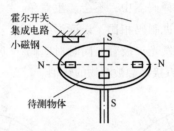

图4-15 霍尔转速传感器结构

2. 霍尔转速传感器工作原理

转盘与被测轴同步转动，小磁钢转过霍尔开关时，产生一个电脉冲 N，用电子电路累积脉冲个数及所用时间 T，就可计算出转盘转速 n。设转盘上有 Z 个小磁钢，则

$$n = \frac{N}{ZT} \tag{4-6}$$

式中：n —— r/min。

N ——个数。

T ——min。

霍尔转速传感器计算用电子电路实例如图4-16所示。图中MC14541为定时电路，CC4518为计数电路，CC14511为显示译码电路。

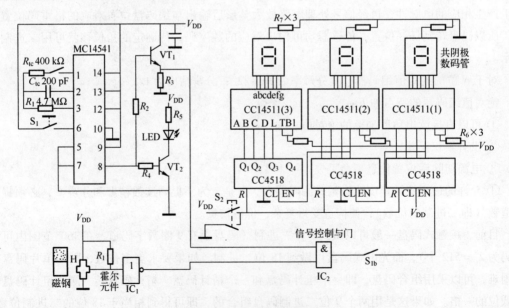

图4-16 霍尔转速传感器

3. 霍尔转速传感器测量转速实例

测量安装如图 4-17 所示。

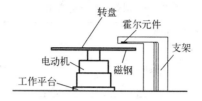

图 4-17　霍尔传感器测量转速实例

4.3.4　磁电转速传感器

1. 磁电转速传感器结构

磁电转速传感器结构如图 4-18 所示，由磁盘、传感头及电子电路组成。传感头由永久磁铁、线圈组成。

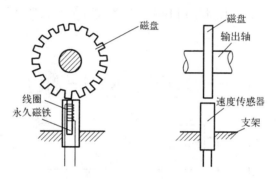

图 4-18　磁电转速传感器结构

2. 磁电转速传感器工作原理

磁电式转速传感器的磁盘与被测转轴同步转动，导磁性磁盘旋转引起磁脉冲探头线圈内磁通变化，产生感应电动势。每当齿盘转过一个齿，感应电动势发生一次周期变化。用电子电路测量感应电动势，并计算磁盘转速。

4.4　传感器在机电一体化设备上的应用实例

🔧 **学习目标**

- 学习数控机床中传感器的使用问题。
- 了解工业机器人中传感器的使用。
- 了解传感器在汽车技术中的应用实例。

4.4.1　传感器在数控机床（CNC）中应用实例

数控机床是由计算机控制的多功能自动化机床，多为闭环控制。要实现闭环控制，必须由传感器检测机床各轴的移动位置和速度进行位置数显、位置反馈和速度反馈，以提高运动精度和动态性能。表 4-2 所示为数控机床所用传感器。

表 4-2　传感器在数控机床中的应用

CMC 机床 MC		位移（位置）							速度				限位			零位			
		磁栅（磁尺）	旋转变压器	光栅	编码器	容栅	感应同步器	光电码盘	测速发电机	磁通感应式	编码器	霍尔元件	行程开关	光电开关	霍尔元件	霍尔元件	电涡流式	光电开关	磁电式
工作台 x、y、z 轴		✓	✓	✓	✓	✓	✓	✓	✓	✓	✓	✓	✓	✓	✓	✓	✓	✓	✓
主轴	z 轴	✓		✓					✓	✓	✓	✓	✓	✓	✓	✓		✓	✓
	转角位置							✓	✓	✓	✓				✓				✓

1. 传感器在数控机床速度与位置反馈系统中的应用

图 4-19 为用光电编码器同时进行速度反馈和位置反馈的半闭环控制系统原理图。光电编码器将电动机转角变换成数字脉冲信号，反馈到 CNC 装置进行位置伺服控制。由于电动机转速与编码器反馈的脉冲频率成比例，因此采用 F/V（频率/电压）变换器将其变换为速度电压信号就可以进行速度反馈。

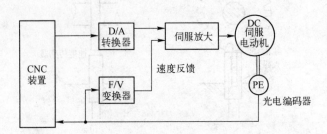

图 4-19　光电编码器速度反馈系统位置反馈系统原理图

2. 传感器在数控机床位置反馈系统中的应用

在机床 x 轴、y 轴和 z 轴的闭环控制系统中，按传感器安装位置的不同有半闭环控制和全闭环控制，按反馈信号的检测和比较方式不同有脉冲比较伺服系统、相位比较伺服系统和幅值比较伺服系统。

图 4-20 为半闭环位置伺服系统原理图。它采用安装在传动丝杠一端的光电编码器产生位置反馈信号 P_f，与指令脉冲 F 相比较，以取得位移的偏差信号 e 进行位置伺服控制。

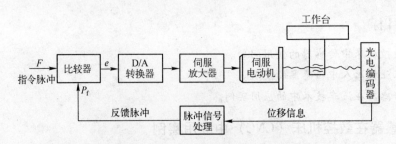

图 4-20　半闭环位置伺服系统原理图

图 4-21 为全闭环位置伺服系统原理图。它采用的传感器虽有光栅、磁栅、容栅等不同形式，但都安装在工作台上，直接检测工作台的移动位置。检测出的位置信息反馈到比较环节，只有当反馈脉冲 $P_t = F$ 时，即 $P = F - P_t = 0$ 时，工作台才停止在所规定的指令位置。当采用的传感器为旋转变压器和感应同步器时，要采用闭环幅值比较和相位比较伺服控制方式。

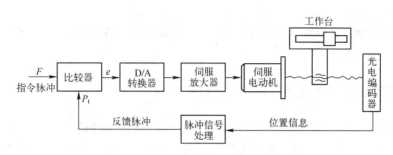

图 4-21　全闭环位置伺服系统原理框图

4.4.2　传感器在工业机器人中的应用实例

工业机器人是一种能够执行与人的上肢（手和臂）类似功能的机器。工业机器人的准确操作，必须对其自身状态、操作对象及作业环境等进行准确认识，即通过传感器进行检测。

机器人自身状态信息的获取通过其内部传感器（位置、位移、速度、加速度等）获取，并作为机器人控制反馈信息。操作对象与外部环境的认识通过外部传感器得到。

1. 位移的检测

位移传感器一般都安装在机器人各关节上，用于检测机器人各关节的位移量，作为机器人的位置控制信息。选用时应考虑到安装传感器结构的可行性以及传感器本身精度、分辨率及灵敏度等。机器人上常用的位移传感器有旋转变压器、差动变压器、感应同步器、电位计、光栅、磁栅、光电编码器等。

关节型机器人大多采用光电编码器。例如，采用光电增量码盘经过处理后的信号是与关节转角角度成一定关系式的脉冲数，计算机在确定零位和正、负方向后，只要计算脉冲数就可以得到关节转角的角位移值。如果将它安装在关节的末端转轴上，则可以形成该关节的闭环控制，理论上可以获得较高的控制精度。

直角坐标机器人中的直线关节或气动、液压驱动的某些关节采用线位移传感器。用于测直线运动的线位移传感器的精度和分辨力，将影响机器人末端的定位精度。因此，选择时要考虑机器人的精度要求和行程。

2. 零位和极限位置的检测

工业机器人常用的位置传感器有接触式微动开关、精密电位计，或非接触式光电开关、电涡流传感器。通常，在机器人的每个关节上各安装一种接触式或非接触式传感器及与其对应的死挡块。在接近极限位置时，传感器先产生限位停止信号，如果限位停止信号发出之后还未停止，则由死挡块强制停止。当无法确定机器人某关节的零位时，可采用位移传感器的输出信号确定。利用微动开关、光电开关、电涡流等传感器确定零位的特点是零位的固定性。当传感器位置调好后，此关节的零位就确定了。若要改变，则必须重新调整传感器的位置。而用电位计或位移传感器确定零位时，不需要重新调整其位置，只要在计算机软件中修改零位参数值即可。

零位的检测精度直接影响工业机器人的重复定位精度和轨迹精度；极限位置的检测则起保护机器人和安全动作的作用。

4.4.3 传感器在汽车底盘电控系统中的应用实例

传感器在汽车底盘电控系统中，是重要的检测元件。在自动变速器（AT、AMT、ECT、CVT）、防抱死制动系统（ABS）、牵引力控制系统（TRC）、电控悬架系统（EMS）、电动助力转向系统（EPS）等系统中，都要用到传感器。

1. 汽车自动变速器上传感器应用实例

图 4-22 为汽车自动变速器所用传感器示意图。

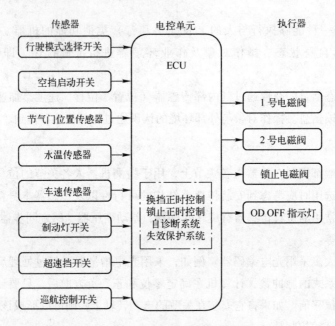

图 4-22　自动变速器传感器示图

图 4-23 为自动变速器所用传感器在汽车上安装位置示意图。

2. 传感器在防抱死制动系统（ABS）中的应用实例

① ABS 电路原理图如图 4-24 所示

② ABS 系统控制元件安装位置示意图如图 4-25 所示。

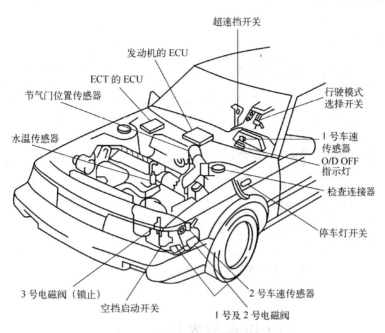

图 4-23　自动变速器所用传感器安装位置

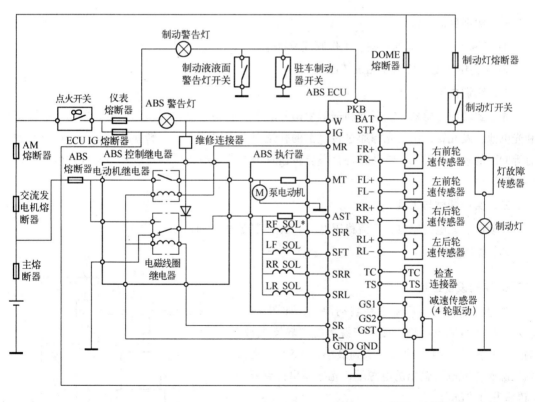

图 4-24　ABS 电路原理图

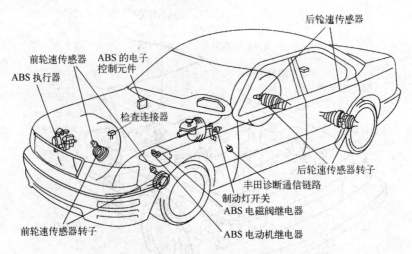

图 4-25 ABS 系统控制元件安装位置示意图

【应用与实操训练】

一、实训目标

① 了解光电传感器的结构、工作原理及特性。

② 学会用光电式传感器测量转速。

二、实训内容

光电式转速传感器有反射型和透射型两种，本实验装置是透射型的，传感器端部有发光管和光电池，发光管发出的光源通过转盘上的孔透射到光电管上，并转换成电信号。由于转盘上有等间距的 6 个透射孔，转动时将获得与转速及透射孔数有关的脉冲，将电脉冲计数处理即可得到转速值。

三、实训器材与工具

转动源、光电传感器、直流稳压电源、频率/转速表、通信接口。

四、实训步骤

1. 实操设备组装

光电转速传感器已安装在转动源上，如图 4-26 所示。2 ～ 24 V 电压输出接到三源板的"转动电源"输入，并将 2 ～ 24 V 输出调节到最小，+5 V 电源接到三源板"光电"输出的电源端，光电输出接到频率/转速表的"fin"。

2. 通电检测

合上主控制台电源开关，逐渐增大 2 ～ 25 V 输出，使转动源转速加快，观测频率/转速表的显示，同时可通过通信接口的 CH1 用上位机软件观

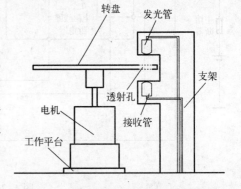

图 4-26 光电转速传感器实操安装图

察光电传感器的输出波形。

3. 数据记录、实操分析

将电压与测量转速计入表 4-3 中，并绘出电压－转速曲线。

表 4-3　电压－转速数据表

电压/V								
转速								

【复习训练题】

1. 传感器定义、作用与分类。
2. 感应同步器结构与原理。
3. 旋转变压器结构与工作原理。
4. 光栅结构与工作原理。
5. 直流测速发电机结构与工作原理。
6. 霍尔转速传感器结构与工作原理。

单元❺ 机电一体化技术中的伺服驱动技术

机电一体化技术中的伺服驱动技术用于对执行机构的动作进行精确控制。

"伺服驱动"的含义就是对执行机构的转角（或位移）、转速（或速度）、转向（运动方向）进行精确控制。伺服驱动系统能够对执行机构的位移大小、位移方向、移动速度或者旋转角度的大小、转速的大小、转速的方向进行精确控制。

伺服驱动系统的基本组成有四大部分：控制器、功率放大器、执行机构、检测装置，如图5-1所示。

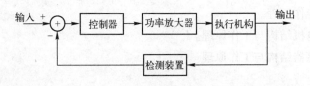

图 5-1　伺服驱动系统组成框图

机电一体化技术中常用的伺服驱动技术有直流电动机伺服驱动技术、交流电动机伺服驱动技术、步进电动机伺服驱动技术、液压驱动伺服技术、气压伺服驱动技术。伺服电动机实例如图5-2所示。

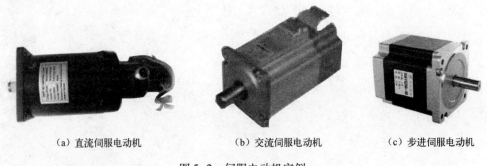

（a）直流伺服电动机　　　　（b）交流伺服电动机　　　　（c）步进伺服电动机

图 5-2　伺服电动机实例

5.1　机电一体化技术的直流电动机伺服驱动

学习目标

● 掌握直流伺服电动机的结构与工作原理。

● 理解直流伺服电动机的调速方案。

● 理解 PWM 调速原理。

机电一体化技术的直流电动机伺服驱动采用直流伺服电机作为伺服驱动元件，常用于调速和调向场合。直流伺服电动机的主要优缺点如下：

① 调速范围宽广，伺服电动机的转速随着控制电压改变，能在宽广范围内连续调节，传动比 $i = 1 \sim 10\,000$。

② 转子的惯性好，响应速度快，随控制电压改变，反应很灵敏，即能实现迅速启动、停转。

③ 控制功率小、过载能力强、可靠性好。

④ 有换向器和电刷，需要经常维护保养。

⑤ 换向器和电刷接触电阻变化时，工作性能的稳定性将受到影响。

⑥ 不能在易燃易爆场合使用。

⑦ 工作电源为直流电源，使得放大电路复杂。

直流伺服电动机的结构与工作原理

1. 直流伺服电动机结构

直流伺服电动机结构与普通直流电动机结构相同，如图 5-3 所示。它由定子和转子两大部分组成，定子包括磁极（永磁体）、电刷、机座、机盖等部件；转子通常称为电枢，包括电枢铁芯、电枢绕组、换向器、转轴等部件。此外，在转子的尾部装有测速机和旋转变压器（或光电编码器）等检测元件。

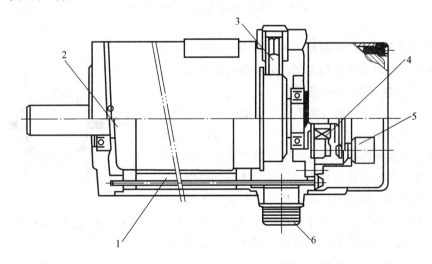

图 5-3　直流伺服电动机结构示意图

1—定子；2—转子；3—电刷；4—测速发电机；5—编码器；6—插座

如图 5-4 所示为直流伺服电动机的工作原理模型图，N、S 为定子磁极，abcd 是固定在可旋转导磁圆柱体上的线圈，线圈连同导磁圆柱体称为电动机的转子或电枢。线圈的首末端 a、d 连接到两个相互绝缘并可随线圈一同旋转的换向片上。转子线圈与外电路的连接是通过放置在换向片上固定不动的电刷进行的。

2. 直流伺服电动机工作原理

把电刷 A、B 接到直流电源上，电刷 A 接正极，电刷 B 接负极，如图 5-4（a）所示。此时电枢线圈中将有电流流过。在磁场作用下，N 极下导体 ab 受力方向从右向左，S 极下导体 cd 受力方向从左向右。该电磁力形成逆时针方向的电磁转矩。当电磁转矩大于阻转矩时，电动机转子逆时针方向旋转。

当电枢旋转到图 5-4（b）所示位置时，原 N 极下导体 ab 转到 S 极下，受力方向从左向右，原 S 极下导体 cd 转到 N 极下，受力方向从右向左。该电磁力形成逆时针方向的电磁转矩。线圈在该电磁力形成的电磁转矩作用下继续逆时针方向旋转。

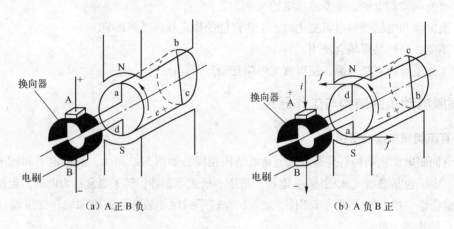

（a）A 正 B 负 　　　　　　　　　　（b）A 负 B 正

图 5-4　直流伺服电动机工作原理模型图

实际的直流电动机的电枢并非单一线圈，磁极也并非一对。下面换一种电动机结构视图，采用剖视图来描述直流电动机工作原理，如图 5-5 所示。

给电刷通以图示方向的直流电，则电枢（转子）绕组中的任一根导体的电流方向如图 5-5 所示。当转子转动时，由于电刷和换向器的作用，使得 N 极和 S 极下的导体电流方向不变，即原来在 N 极下的导体只要一转过中性面进入 S 极下的范围，电流就反向；反之，原来在 S 极下的导体只要一过中性面进入 N 极下，电流也马上反向。根据电流在磁场中受到的电磁力方向可知，图中转子受到顺时针方向力矩的作用，转子做顺时针转动。如果要使转子反转，只需改变电枢绕组的电流方向，

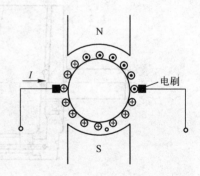

图 5-5　直流电动机工作原理

即电枢电压的方向。

3. 直流伺服电动机的速度调节

直流伺服电动机速度调节原理如图 5-6 所示。

直流伺服电动机转速计算公式如下：

$$n = \frac{U}{C_E \Phi} - \frac{R}{C_E C_T \Phi^2} T_{em} = n_0 - \beta T_{em} \tag{5-1}$$

式中：n——电动机转速（r/min）；

U——电枢电压（V）；

$\varPhi$——励磁主磁通（Wb）；

R——电枢回路总电阻（Ω）；

T_{em}——电动机电磁转矩（N·m）；

β——常数；

C_E 和 C_T——与电动机结构有关的电动机常数。

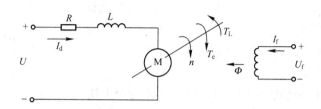

图 5-6　直流伺服电机速度调节原理

U_f—励磁电压；I_f—励磁电流；T_L—多载转矩；T_e—电磁转矩

由式（5-1）可以看出，改变电枢电压、励磁主磁通或电枢回路电阻均可改变电动机的转速，分别称为调压调速、调磁调速、调阻调速。通常采用前两种方式实现电动机的调速。

（1）调压调速

电动机的工作电压不允许超过额定电压，因此电枢电压只能在额定电压以下进行调节。降低电源电压调速的原理及调速过程如图 5-7 所示。

设电动机拖动恒转矩负载 T_L 在固有特性 A 点运行，其转速为行 n_N。若电源电压由 U_N 下降至 U_L，则达到新的稳态后，工作点将移到对应人为特性曲线上的 B 点，其转速下降为 n_1。从图 5-7 中可以看出，电压越低，稳态转速也越低。

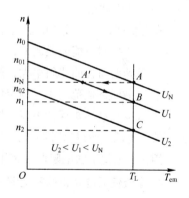

图 5-7　降压调速过程

转速由 n_N 下降至 n_1 的调速过程如下：电动机原来在 A 点稳定运行时，$T_{em} = T_L$，$n_1 = n_N$。当电压降至 U_1 后，电动机的机械特性变为直线 $n_{01}B$。在降压瞬间，转速 n 不突变，E_a 不突变，所以 I_a 和 T_{em} 突然减小，工作点平移到 A' 点。在 A' 点，$T_{em} < T_L$，电动机开始减速，随着 n 减小，E_a 减小，I_a 和 T_{em} 增大，工作点沿 $A'B$ 方向移动，到达 B 点时，达到了新的平衡：$T_{em} = T_L$，此时电动机便在较低转速 n_1 下稳定运行。

降压调速的优点如下：

① 电源电压能够平滑调节，可以实现无级调速。

② 调速前后机械特性的斜率不变，硬度较高，负载变化时，速度稳定性好。

③ 无论轻载还是重载，调速范围相同。

④ 电能损耗较小。

降压调速的缺点是：需要一套电压可连续调节的直流电源。

（2）调磁调速

额定运行的电动机，其磁路已基本饱和，即使励磁电流增加很大，磁通也增加很少，从电动机的性能考虑也不允许磁路过饱和。因此，改变磁通只能从额定值往下调，调节磁通调速即是减弱磁通调速。其调速原理及调速过程如图 5-8 所示。

设电动机拖动恒转矩负载 T_L 在固有特性曲线上 A 点运行，其转速为 n_N，若磁通由 Φ_N 减小至 Φ_1，则达到新的稳态后，工作点将移到对应人为特性上的 B 点，其转速上升为 n_1。从图 5-8 中可见，磁通越少，稳态转速将越高。

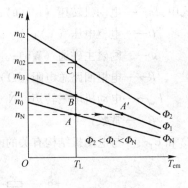

图 5-8 调磁调速

调磁调速的优点如下：

由于在电流较小的励磁回路中进行调节，因而控制方便，能量损耗小，设备简单，而且调速平滑性好。虽然弱磁升速后电枢电流增大，电动机的输入功率增大，但由于转速升高，输出功率也增大，电动机的效率基本不变，因此弱磁调速的经济性是比较好的。

调磁调速的缺点如下：

机械特性的斜率变大，特性变软；转速的升高受到电动机换向能力和机械强度的限制，因此升速范围不可能很大。

为了扩大调速范围，常常把降压和弱磁两种调速方法结合起来。在额定转速以下采用降压调速，在额定转速以上采用弱磁调速。

（3）调阻调速

在电枢回路中串接联电阻调速。电枢串联电阻调速的优点是设备简单，操作方便。缺点是：

① 由于电阻只能分段调节，所以调速的平滑性差。

② 低速时特性曲线斜率大，静差率大，所以转速的相对稳定性差。

③ 轻载时调速范围小，额定负载时调速范围一般为 $D \leqslant 2$。

④ 如果负载转矩保持不变，损耗较大，效率较低。而且转速越低，所串电阻越大，损耗越大，效率越低，所以这种调速方法是不太经济的。

因此，电枢串联电阻调速多用于对调速性能要求不高的生产机械上，如起重机、电车等。

4. 直流伺服电动机的脉宽调速

调整直流伺服电动机转速的方法主要是调整电枢电压，目前使用最广泛的方法是晶体管脉冲宽度调制器——直流电动机调速（PWM－M），简称 PWM 变换器。它具有响应快、效率高、调整范围宽、噪声污染低、结构简单可靠等优点。

（1）直流 PWM 伺服驱动装置的工作原理

PWM 伺服驱动装置是利用大功率晶体管的开关特性来调制固定电压的直流电源，按一定的频率来接通和断开，并根据需要改变一个周期内"接通"与"断开"时间的长短，改变直流伺服电动机电枢上电压的"占空比"来改变平均电压的大小，从而控制电动机的转速。因此，这种装置又称"开关驱动装置"。

PWM 调压原理如图 5-9（a）所示，可控开关 S 以一定的时间间隔重复地闭合和断开，当 S 接通时，供电电源通过开关 S 施加到电动机两端，电源向电动机提供能量；当开关 S 断开时，

中断了供电电源 U_s 向电动机提供能量，开关 S 闭合期间电枢电感所储存的能量通过续流二极管 VD 使电动机电流继续流通。在电动机两端得到的电压波形如图 5-9（b）所示，

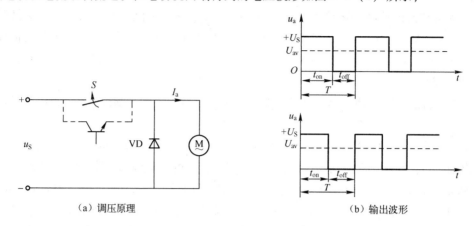

（a）调压原理　　　　　　　　　　　　（b）输出波形

图 5-9　PWM 调压原理

t_{on}—接通时间；t_{off}—截止时间；U_{av}—平均电压

电压平均值 U_{av} 可用下式表示：

$$U_{av} = \frac{t_{on}}{T} u_s = \alpha u_s \qquad (5-2)$$

式中：t_{on}——开关每次接通的时间；

T——开关通断的工作周期；

α——占空比。

由式（5-2）可见，改变开关接通时间 t_{on} 和开关周期 T 的比值亦即改变脉冲的占空比，电动机两端电压的平均值也随之改变，因而电动机转速得到了控制。

（2）桥式 PWM 驱动装置

改变脉冲占空比即可调节电动机转速，但必须有将控制转速的指令转换为脉冲宽度或开关周期的电路或装置来实现。图 5-10 所示为桥式 PWM 驱动装置的控制原理框图。

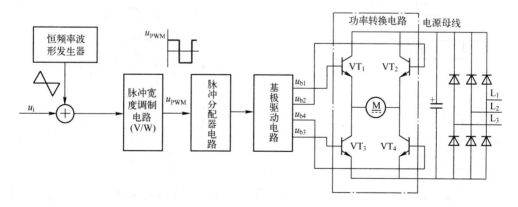

图 5-10　桥式 PWM 驱动装置的控制原理框图

PWM 驱动装置的控制结构可分为两大部分：从主电源将能量传递给电动机的电路称为功率转换电路，其余部分称为控制电路。

① 功率转换电路：电网提供的三相交流电经三相整流得到控制直流电动机所需的直流电压被施加到 4 个大功率晶体管（GTR）VT_1、VT_2、VT_3、VT_4 组成的桥式（H 型）功率转换电路上，大功率晶体管由控制电路给 VT_1、VT_4 和 VT_2、VT_3 提供相位差 180°的矩形波基极激励电压，而使 VT_1、VT_4 和 VT_2、VT_3 交替导通（亦可是其他导通方式，只要不构成同侧对晶体管直通短路），将直流电压 u_i 调制成与给定频率相同的方波脉冲电压，作用到电动机电枢两端，为电动机提供能量。

② 控制电路：通常由恒频率波形发生器、脉冲宽度调制电路、基极驱动电路、保护电路等基本电路组成。

脉冲宽度调制电路的作用是将输入的直流控制信号转换成与之成比例的方波信号，以便对大功率晶体管进行控制，从而得到序列方波电压信号。典型的脉宽调制电路有锯齿波脉宽调制器、三角波脉宽调制器、SG3524 脉宽调制组件、数字式脉宽调制器。下面介绍数字式脉宽调制器。

图 5-11 为由 MCS-51 系列 8 位单片机 8031 控制的直流脉宽调速系统原理图。光耦合器将单片机与调速系统相隔离，以提高系统抗干扰能力。利用单片机某 I/O 端口的位操作功能，选择其中一位作为脉冲信号输出端，在单片机 8031 执行图 5-12（a）主程序框图所编制的程序，便能在所选端口送出所需的 PWM 波形信号。其调速可采用中断处理，其子程序框图如图 5-12（b）所示。

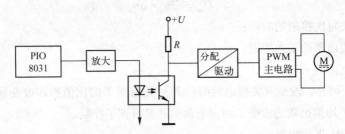

图 5-11 8031 控制的直流脉宽调速系统原理图

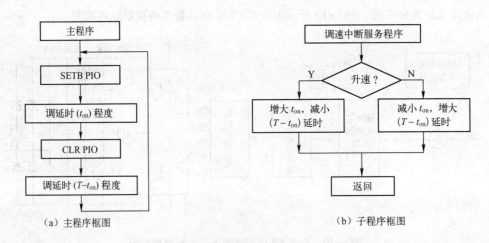

（a）主程序框图　　　　　　　　　　（b）子程序框图

图 5-12 8031 控制的直流脉宽调速系统程序方框图

若采用 MCS-96 系列 16 位单片机 8098，由于该机含有脉冲宽度调制输出端口，即 PWM 端口，只需对 PWM 控制寄存器写入不同的值，便可获得宽度不同的 PWM 输出信号。

5.2　机电一体化技术中的交流伺服电动机伺服驱动

学习目标

- 理解交流伺服电动机的结构与工作原理。
- 了解交流调速方法。
- 理解逆变器原理。
- 理解 SPWM 调速技术。

由于直流电动机具有良好的控制特性，因此在工业生产中一直占据主导地位，但是直流电动机具有电刷和整流子，尺寸大且必须经常维修，单机容量、最高转速以及使用环境都受到一定的限制。

随着生产的发展，直流电动机的缺点越来越突出，于是人们将目光转向结构简单、运行可靠、维修方便、价格便宜的交流电动机，特别是交流异步电动机。但是，异步电动机的调速特性不如直流电动机，使其应用受到极大限制。随着电力电子技术的发展，20 世纪 70 年代出现了可控电力开关器件（如晶闸管、GTR、GTO 等），为交流电动机的控制提供了高性能的功率变换器，从此交流变频驱动技术得到飞速发展，交流电动机的调速技术迅速发展，逐渐取代了直流电动机调速。

5.2.1　交流伺服电动机的结构与工作原理

1. 交流伺服电动机的结构

交流伺服电动机一般是两相交流电动机，由定子和转子两部分组成。交流伺服电动机的转子有笼形和杯形两种，无论哪一种转子，它的转子电阻都做得比较大，其目的是使转子在转动时产生制动转矩，使它在控制绕组不加电压时，能及时制动，防止自转。交流伺服电动机的定子为两相绕组，并在空间相差 90°电角度。两个定子绕组结构完全相同，使用时一个绕组做励磁用，另一个绕组做控制用。

2. 交流伺服电动机工作原理

图 5-13 所示为交流伺服电动机的结构与原理图，在图中 $\dot{U}_\mathrm{f}$ 为励磁电压，$\dot{U}_\mathrm{c}$ 为控制电压，这两个电压均为交流，相位互差 90°，当励磁绕组和控制绕组均加交流互差 90°电角度的电压时，在空间形成圆旋转磁场（控制电压和励磁电压的幅值相等）或椭圆旋转磁场（控制电压和励磁电压幅值不等），转子在旋转磁场作用下旋转。当控制电压和励磁电压的幅值相等时，控制二者的相位差也能产生旋转磁场。

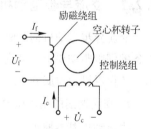

图 5-13　交流伺服电动机
结构与原理图

3. 交流伺服电动机的控制方式

交流伺服电动机的控制方式有 3 种：幅值控制、相位控制和幅相控制。

（1）幅值控制

控制电压和励磁电压保持相位差90°，只改变控制电压幅值，这种控制方法称为幅值控制。

当励磁电压为额定电压，控制电压为零时，伺服电动机转速为零，电动机不转；当励磁电压为额定电压，控制电压也为额定电压时，伺服电动机转速最大，转矩也最大；当励磁电压为额定电压，控制电压在额定电压与零电压之间变化时，伺服电动机的转速在最高转速至零转速间变化。图5-14所示为控制接线图，当仅改变控制电压 $\dot{U}_c$ 时就为幅值控制，使用时控制电压 $\dot{U}_c$ 的幅值在额定值与零之间变化，励磁电压保持为额定值。

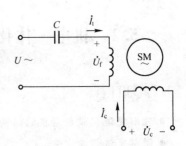

图5-14 控制接线图

（2）相位控制

与幅值控制不同，相位控制时控制电压和励磁电压均为额定电压，通过改变控制电压和励磁电压相位差，实现对伺服电动机的控制。

设控制电压与励磁电压的相位差为 β，$\beta=0\sim90°$，根据 β 的取值可得出气隙磁场的变化情况。当 $\beta=0°$ 时，控制电压与励磁电压同相位，气隙总磁通势为脉振磁通势，伺服电动机转速为零不转动；当 $\beta=90°$ 时，为圆形旋转磁通势，伺服电动机转速最大，转矩也为最大；当 β 在 $0°\sim90°$ 变化时，磁通势从脉振磁通势变为椭圆形旋转磁通势，最终变为圆形旋转磁通势，转速由低向高变化。β 值越大越接近圆形旋转磁通势。

（3）幅相控制

幅相控制是对幅值和相位差都进行控制，通过改变控制电压的幅值及控制电压与励磁电压的相位差控制伺服电动机的转速。如图5-14所示的接线图中，当控制电压的幅值改变时，电动机转速发生变化，此时励磁绕组中的电流随之发生变化，励磁电流的变化引起电容的端电压变化，使控制电压与励磁电压之间的相位角改变。

幅相控制的机械特性和调节特性不如幅值控制和相位控制，但由于其电路简单，不需要移相器，因此实际应用较多。

5.2.2　交流异步电动机伺服驱动技术

交流异步电动机伺服驱动即对交流异步电动机的转速、转向进行控制，以满足机电一体化设备的伺服驱动要求。交流电动机的转向控制很方便，但转速控制技术是在变频技术发展起来后，才得以迅速发展并进入实用阶段。

1. 交流调速的基本概念

由电动机基本原理可知，交流异步电动机（感应电动机）的转速公式为

$$n=\frac{60f}{p}(1-s) \tag{5-3}$$

式中：f——定子电源频率；

　　　s——转差率；

　　　p——磁极对数。

根据式（5-3），改变交流电动机的转速有3种方法，即变频调速、变极调速和变转差率调速。变极调速通过改变磁极对数来实现电动机调速，这种方法是有级调速且调速范围窄。

　　变转差率调速可以通过在绕组中串联电阻和改变定子电压两种方法来实现。无论是哪种改变转差率的方法，都存在损耗大的缺陷，不是理想的调速方法。

　　变频调速范围宽、平滑性好、效率高，具有优良的静态和动态特性，无论转速高低，转差功率的消耗都基本不变。变频调速可以构成高动态性能的交流调速系统，取代直流调速，所以，目前高性能的交流变频调速系统都是采用变频调速技术来改变电动机转速的。

　　在异步电动机的变频调速中，希望保持磁通量不变。磁通量减弱，铁芯材料利用不充分，电动机输出转矩下降，导致负载能力减弱；磁通量增强，引起铁芯饱和、励磁电流急剧增加，电动机绕组发热，可能烧毁电动机。

　　根据电动机知识，异步电动机定子每相绕组的感应电动势为

$$E = 4.44fNK\Phi_m$$

式中：N——定子绕组每相串联的匝数；

　　　　K——基波绕组系数；

　　　　Φ_m——每极气隙磁通（Wb）；

　　　　f——定子频率（Hz）。

　　为了保持气隙磁通量 Φ_m 不变，应满足 E/f = 常数。但实际上，感应电动势难以直接控制。如果忽略了定子漏阻抗压降，则可以近似地认为定子相电压和感应电动势相等，即 $u \approx E = 4.44fNK\Phi_m$。在交流变频调速装置中，同时兼有调频调压功能。

2. 变频调速技术

　　交流电动机转速控制，采用变频调速技术。

　　对交流电动机实现变频调速的装置称为变频器，其功能是将电网提供的恒压恒频 CVCF（Constant Voltage Constant Frequency）交流电变换为变压变频 VVVF（Variable Voltage Variable Frequency）交流电，变频伴随变压，对交流电动机实现无级调速。

　　变频器有交 - 直 - 交与交 - 交变频器两大类：交 - 交变频器没有明显的中间滤波环节，电网交流电被直接变成可调频调压的交流电，又称直接变频器；而交 - 直 - 交变频器先把电网交流电转换为直流电，经过中间滤波环节后，再进行逆变才能转换为变频变压的交流电，故称为间接变频器。

　　异步电动机的变频调速所要求的变频变压功能（VVVF）是通过变频器完成的。变频器实现 VVVF 控制技术有脉冲幅度调制（Pulse Amplitude Modulation，PAM）和脉宽调制（Pulse Amplitude Modulation，PWM）两种方式，而 PWM 控制技术分为等脉宽 PWM 法、正弦波 PWM 法（SPWM）、磁链追踪型 PWM 法和电流跟踪型 PWM 法 4 种。

　　目前，在数控机床上，一般多采用交 - 直 - 交的正弦波脉宽调制（SPWM）变频器和矢量变换控制的 SPWM 调速系统。

3. 逆变器原理

　　交 - 直 - 交变频器即间接变频器需要使用逆变技术。逆变器工作原理如图 5-15 所示。

　　（1）电路原理［见图 5-15（a）］。

　　由 6 只电子开关控制，将直流转换为交流信号。S_1、S_2、S_3、S_4、S_5、S_6 这 6 只开关的导通与截止由电子电路控制。

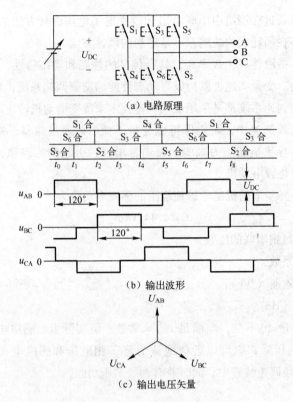

（a）电路原理

（b）输出波形

（c）输出电压矢量

图 5-15　逆变器工作原理

（2）逆变过程

$t_0 \sim t_1$ 这段时间，S_1、S_6、S_5 导通，$U_{AB} = U_{DC}$，$U_{BC} = -U_{DC}$，$U_{CA} = 0$，依此类推，得到 $t_1 \sim t_2$、$t_2 \sim t_3$、$t_3 \sim t_4$、$t_4 \sim t_5$、$t_5 \sim t_6$ 各时间范围的输出电压，如表 5-1 所示，并画出波形。即将直流信号转换为三相交流信号。输出波形如图 5-15（b）所示。

表 5-1　逆变过程分析

导通开关及电压　时间范围	$t_0 \sim t_1$	$t_1 \sim t_2$	$t_2 \sim t_3$	$t_3 \sim t_4$	$t_4 \sim t_5$	$t_5 \sim t_6$
导通开关	S_1、S_6、S_5	S_1、S_6、S_2	S_1、S_3、S_2	S_4、S_3、S_2	S_4、S_3、S_5	S_4、S_6、S_5
U_{AB}	U_{DC}	U_{DC}	0	$-U_{DC}$	$-U_{DC}$	0
U_{BC}	$-U_{DC}$	0	U_{DC}	U_{DC}	0	$-U_{DC}$
U_{CA}	0	$-U_{DC}$	$-U_{DC}$	0	U_{DC}	U_{DC}

4. 正弦波脉宽调制（SPWM）

SPWM 是变频器中使用最为广泛的 PWM 调制方法，属于交-直-交型静止变频装置，可以用模拟电路和数字电路等硬件电路实现，也可以用微机软件及软件和硬件结合的办法实现。

（1）硬件电路实现 SPWM 基本原理

用硬件电路实现 SPWM，就是用一个正弦波发生器产生可以调频调幅的正弦波信号，（调制波），用三角波发生器产生幅值恒定的三角波信号（载波），将它们在电压比较器中进行比较，输出 PWM 调制电压脉冲。图 5-16 所示为 SPWM 调制 PWM 脉冲原理图。

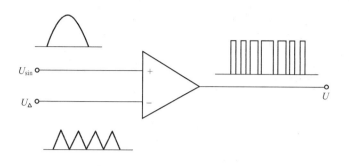

图 5-16 SPWM 调制 PWM 脉冲原理图

三角波电压和正弦波电压分别接在电压比较器的"-"、"+"输入端。当 $U_\triangle < U_{\sin}$ 时，电压比较器输出高电平，反之则输出低电平。PWM 脉冲宽度（电平持续时间长短）由三角波和正弦波交点之间的距离决定，两者的交点随正弦波电压的大小而改变。因此，在电压比较器输出端就输出幅值相等而脉冲宽度不等的 PWM 电压信号。

逆变器输出电压的每半周由一组等幅而不等宽的矩形脉冲构成，近似等效于正弦波。这种脉宽调制波是由控制电路按一定规律控制半导体开关元件的通断而产生的，"一定规律"就是指 PWM 信号。生成 PWM 信号的方法有很多种，最基本的方法就是利用正弦波与三角波相交来生成，三角波与正弦波相交交点与横轴包围的面积用幅值相等、脉宽不同的矩形来近似，模拟正弦波。图 5-17 所示为 SPWM 调制波示意图。

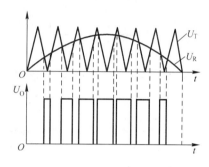

图 5-17　SPWM 调制波示意图
U_T—三角波；U_R—正弦波

可以看到，由于各脉冲的幅值相等，所以逆变器由恒定的直流电源供电工作时，驱动相应开关器件通断产生的脉冲信号与此相似。

矩形脉冲作为逆变器开关元件的控制信号，在逆变器的输出端输出类似的脉冲电压，与正弦电压相等效。工程上借用通信技术中调制的概念，获得 SPWM 调制波的方法是根据三角波与正弦波的交点时刻来确定逆变器功率开关的工作时刻。调节正弦波的频率和幅值便可以相应地改变逆变器输出电压基波的频率和幅值。

（2）SPWM 变频主电路

图 5-18 所示为 SPWM 变频主电路，图中 $VT_1 \sim VT_6$ 是 6 个功率晶体管，各接有一个续流二极管。将 50 Hz 交流电经三相整流变压器变到所需电压，经二极管整流和电容滤波，形成直流电压 U_s，再送入 6 个大功率晶体管构成的逆变器主电路，输出三相频率和电压均可调整的等效正弦波的脉宽调制波（SPWM 波）。在输出的半个周期内，上下桥臂的两个开关元件处于互补工作状态，从而在一个周期内得到交变的正弦电压输出。

（3）SPWM 控制电路

图 5-19 所示为六路 SPWM 控制电路，一组三相对称的正弦参考电压信号 U_a、U_b、U_c。由基准信号发生器提供，其频率决定逆变器输出的基波频率，在所要求的输出频率范围内可调。其幅值也可以在一定范围内变化，以决定输出电压的大小。三角波发生器的载波信号是共用的，

分别与每相参考电压比较后，给出"正"或"零"的饱和输出，产生 SPWM 脉冲序列波作为逆变器功率开关器件的驱动控制信号。

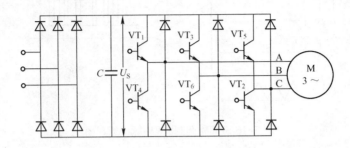

图 5-18　SPWM 变频主电路

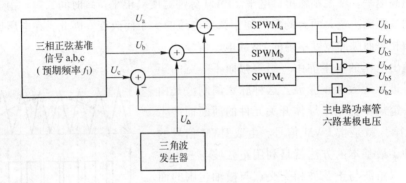

图 5-19　六路 SPWM 控制电路

控制方式可以是单极式，也可以是双极式。采用单极式控制时，在每个正弦波的半个周期内每相只有一个开关器件接通或关断，即在逆变器输出波形的半个周期内，逆变器同一桥臂上一个元件导通，另一个始终处于截止状态。单极式 SPWM 波形如图 5-20 所示，为了使逆变器输出一个交变电压，必须是一个周期内的正负半周分别使上下桥臂交替工作，在负半周利用倒相信号，得到负半周的触发脉冲，作为驱动下桥臂开关元件的信号。

双极式 SPWM 波形如图 5-21 所示。其调制方式和单极式相同，输出基波电压的大小和频率也是通过改变正弦参考信号的幅值和频率而改变的，只是功率开关器件的通断情况不一样。双极式调制时逆变器同一桥臂上、下两个开关器件交替通断，处于互补的工作状态。

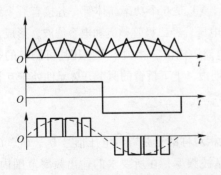

图 5-20　单极式 SPWM 波形

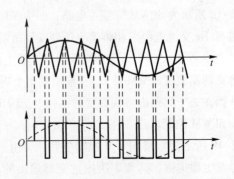

图 5-21　双极式 SPWM 波形

由图 5-21 中可以看出，三角波双极性变化时，逆变器输出相电压的基波分量要比单极式大，因此双极式 SPWM 利用率高，谐波分量也比单极式大，有利于交流电动机低速运行的稳定。缺点是双极式控制在半个周期内的开关次数是单极式的 2 倍，开关损耗增加。

SPWM 是一种比较完善的调制方式，目前国际上生产的变频调速装置几乎全部采用这种方法。

5.3　机电一体化技术中的步进电动机伺服驱动技术

学习目标

- 掌握步进电动机的结构与工作原理。
- 理解步进电动机的驱动控制。
- 了解功率放大器。

步进电动机是一种将电脉冲信号转换成机械角位移（或线位移）的电磁机械装置。由于所用电源是脉冲电源，所以也称为脉冲马达。

步进电动机是一种伺服性能优良的伺服电动机。它采用脉冲电源即数字信号作为工作电源，通过驱动控制电路，精确控制转角、转速、转向，从而控制执行机构的动作。它在机电一体化设备中应用广泛，如数控机床的伺服驱动，就采用步进电动机伺服驱动。

步进电动机是一种特殊的电动机，一般电动机通电后连续旋转，而步进电动机则跟随输入脉冲按节拍一步一步地转动。对步进电动机施加一个电脉冲信号时，步进电动机就旋转一个固定的角度，称为一步，每一步所转过的角度称为步距角。步进电动机的角位移量和输入脉冲的个数严格地成正比例，在时间上与输入脉冲同步，因此，只需要控制输入脉冲的数量、频率及电动机绕组通电相序，便可获得所需的转角、转速及旋转方向。在无脉冲输入时，在绕组电源激励下，气隙磁场能使转子保持原有位置而处于定位状态。

5.3.1　步进电动机的结构与工作原理

1. 步进电动机的分类

① 按步进电动机输出转矩的大小，可分为快速步进电动机和功率步进电动机。快速步进电动机连续工作频率高，而输出转矩较小，可用于控制小型精密机床的工作台（例如线切割机），可以和液压伺服阀、液压马达一起组成电液脉冲马达，驱动数控机床工作台；功率步进电动机的输出转矩比较大，可直接驱动数控机床的工作台。

② 按励磁组数可分为三相、四相、五相、六相甚至八相步进电动机。

③ 按转矩产生的原理可分为电磁式、反应式以及混合式步进电动机。数控机床上常用 3 ～ 6 相反应式步进电动机，这种步进电动机的转子无绕组，当定子绕组通电励磁后，转子产生力矩使步进电动机实现步进。

2. 步进电动机的工作结构

图 5-22 所示为三相反应式步进电动机的结构。步进电动机由转子和定子组成，定子上有

A、B、C 三对绕组磁极，分别称为 A 相、B 相、C 相。转子是硅钢片等软磁材料迭合成的带齿廓形状的铁芯。这种步进电动机称为三相步进电动机。

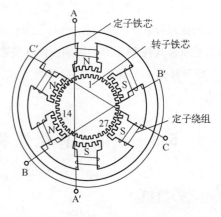

3. 步进电动机的工作原理

如果在定子的三对绕组中通直流电流，就会产生磁场，当 A、B、C 三对磁极的绕组依次轮流通电时，A、B、C 三对磁极依次产生磁场吸引转子转动。

① 当 A 相通电，B 相和 C 相不通电时，电动机铁芯的 AA 方向产生磁通，在磁拉力的作用下，转子 1、3 齿与 A 相磁极对齐，2、4 两齿与 B、C 两磁极相对错开 30°，如图 5-23（a）所示。

图 5-22　三相反应式步进电动机的结构

② 当 B 相通电，C 相和 A 相断电时，电动机铁芯的 BB 方向产生磁通，在磁拉力的作用下，转子沿逆时针方向旋转 30°，2、4 齿与 B 相磁极对齐，1、3 两齿与 C、A 两磁极相对错开 30°，如图 5-23（b）所示。

③ 当 C 相通电，A 相和 B 相断电时，电动机铁芯的 CC 方向产生磁通，在磁拉力的作用下，转子沿逆时针方向又旋转 30°，1、3 齿与 C 相磁极对齐。2、4 两齿与 A、B 两磁极相对错开 30°，如图 5-23（c）所示。

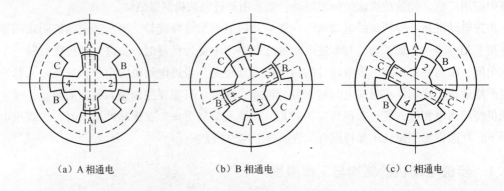

（a）A 相通电　　　　　　　　（b）B 相通电　　　　　　　　（c）C 相通电

图 5-23　三相步进电动机工作原理

若按 A－B－C…通电相序连续通电，则步进电动机就连续地沿逆时针方向旋动，每换接一次通电相序，步进电动机沿逆时针方向转过 30°，即步距角为 30°。如果步进电动机定子磁极通电相序按 A－C－B…进行，则转子沿顺时针方向旋转，这种通电方式称为三相单三拍通电方式。

4. 步进电动机相关概念

① 相数：步进电动机励磁绕组个数。例如，3 个励磁绕组，称为三相，4 个励磁绕组称为四相等。

② 拍：从一相通电换接到另一相通电称为一拍。

③ 拍数：完成一次通电循环所用拍的个数。例如，"三拍"是指通电换接 3 次后完成一个通电循环周期。

④ 通电方式：相数与拍数的结合。例如，A－B－C－A 称为三相单三拍通电方式，所谓"单"

是指每次只有一相绕组通电的意思。A - AB - B - BC - C - CA - A 称为三相六拍通电方式。

⑤ 步矩角 φ：每一拍转子转过的角度。其计算公式为

$$\varphi = \frac{360°}{kmz} = \frac{360°}{nz}$$

式中：k——步进电动机通电方式系数，等于相数除以拍数；

z——步进电动机拍数；

m——步进电动机相数。

通过上述原理分析，可以得出以下结论：

① 步进电动机定子绕组通电状态每改变一次，其转子便转过一个确定的角度，即步进电动机的步距角 φ。控制输入脉冲的个数，就可控制步进电动机的转角，即步进电动机角位移。

② 步进电动机的步距角与绕组的相数 m，转子的拍数 z、通电方式系数 k 有关，可以由公式计算。

③ 同一相数的步进电动机可有两种步距角（如 1.2°/0.6°、3°/1.5°）等。步距角越小，数控机床的控制精度越高，常用的步距角为 0.5°～3°。

④ 改变步进电动机定子绕组的通电相序，转子的旋转方向随之改变。

⑤ 步进电动机定子绕组通电状态改变速度越快（即脉冲电源频率越高），转子旋转的速度也越快（即转速越高）。

5.3.2 步进电动机的主要技术特性

1. 静态转矩和矩角特性

当步进电动机不改变通电状态时，转子处于不动状态。如果在电动机轴上外加一个负载转矩，使转子按一定的方向转过一个角度 θ，此时转子所受的电磁转矩 T，称为静态转矩，角度 θ 称为失调角。描述静态时 T 和 θ 的关系为矩角特性，该特性上转矩的最大值称为最大静态转矩 T_{max}。它表示了电动机的承载能力。T_{max} 愈大，电动机带负载的能力愈强，运行的快速性和稳定性愈好。最大静态转矩与通电状态和各相绕组电流有关。

图 5-24 所示为三相步进电动机按 A→B→C→A…通电相序通电时，A、B、C 各相的矩角特性曲线，三相矩角特性在相位上互差 1/3 周期。曲线上的 T_{max} 即为最大静转矩，图中曲线 A 和 B 的交点所对应的转矩 T_q 是电动机运行时的最大起动转矩。当负载转矩小于 T_q，电动机才能正常启动运行，否则将造成失步。一般情况下，电动机相数增加，矩角特性曲线变密，相邻两矩角特性曲线的交点上移，使 T_q 增加。

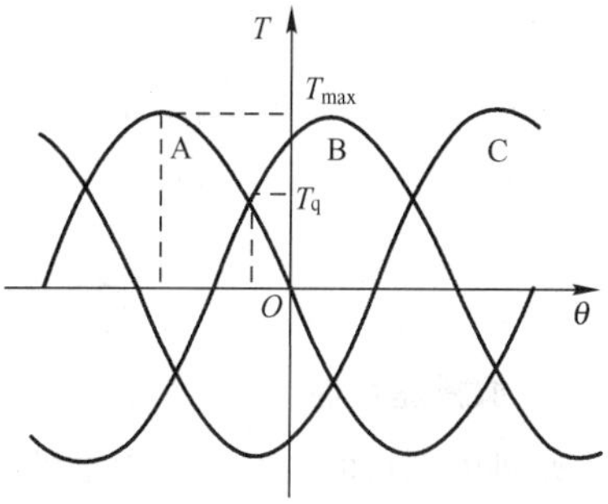

图 5-24 步进电动机的矩角特性

2. 步距误差

步距误差通常是指步进电动机运行时，转子实际转过的角度与理论步距角之差值。转子连续走若干步时，上述步距角误差的累积值称为累积误差。由于步进电动机转子转过一圈时，将重复上一圈的稳定位置，即步进电动机的步距累积误差将以一圈为周期重复出现，转一周的累积误差应为零。所以，步距角的累积误差最大值应在一圈

范围内测出。影响累积误差的主要因素有：齿和磁极的机械加工及装配精度、各相距角特性之间的差别大小等。通常，步进电动机的静态步距误差在 10^1 以内。

3. 启动频率

空载时，步进电动机由静止状态突然启动，并进入不失步的正常运行状态的最高频率，称为启动频率（又称突跳频率）。它不仅与电动机本身的参数（包括最大静态转矩、步距角及转子惯量等）有关，而且还与负载转矩有关。如果加给步进电动机的指令脉冲频率大于启动频率，步进电动机就不能够正常工作。它是衡量步进电动机快速性能的重要数据。步进电动机在带负载（尤其是惯性负载）下的启动频率比空载时要低，且随着负载的加重，启动频率会进一步降低，例如 70BF3 型步进电动机（70 表示电动机外径是 70 mm，BF 表示反应式步进电动机，3 表示定子绕组数是 3），空载时的启动频率是 1 400 Hz，当负载为最大转矩的 0.55 倍时，启动频率下降到 50 Hz。

4. 连续运行频率

步进电动机启动后，其运行速度能跟踪指令脉冲频率连续工作而不失步的最高频率，称为连续运行频率（或最高工作频率）。它比启动频率大得多。它与电动机所带负载的性质、大小及驱动电源有关，它是决定定子绕组通电状态最高变化频率的参数，即影响步进电动机的最高转速。

5. 矩频特性与动态转矩

矩频特性是描述步进电动机连续稳定运行时，输出转矩与连续运行频率之间的关系。该特性上每一个频率对应的转矩称为动态转矩。随着连续运行频率的上升，动态转矩将下降。使用时，一定要考虑动态转矩随连续运行频率上升而下降的特点。

步进电动机输出转矩的大小，主要取决于定子绕组中电流的平均值大小和波形。由于绕组为电感元件，其电流不能很快地发生改变，即当绕组突然通电和突然断电时，绕组中的电流既不会立即上升到规定的数值，也不会立即下降到 0，而是要经历一个上升和下降的过渡过程，如图 5-25 所示。随着驱动脉冲的增加，电流波形越来越坏，电流的平均值越来越小，使输出转矩也越来越小。当频率升高到某一特定值时，电动机的输出转矩已经不足以克服负载的转矩，从而产生失步现象。因此，步进电动机常采用升降速控制，即起停时频率降低，正常运行时，频率升高。

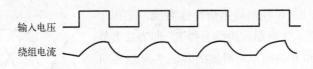

图 5-25　步进电动机运行频率与电流波形

6. 加减速特性

步进电动机的加减速特性是描述步进电动机由静止到工作频率和由工作频率到静止的加减速过程中，定子绕组通电状态的变化与时间的关系。当要求步进电动机启动到大于启动频率的工作频率时，变化速度必须逐渐上升；同样，从连续运行频率或高于启动频率的工作频率停止时，变化速度必须逐渐下降，逐渐上升和下降的加速时间、减速时间不能过小，否则会出现失步或超步。我们用加速时间常数 T_a 和减速时间常数 T_d 来描述步进电动机的加减速特性，如图 5-26 所示。

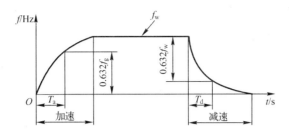

图 5-26　加减速特性

5.3.3　步进电动机的驱动控制

步进电动机驱动控制线路的作用是，接收来自数控机床控制系统的具有一定频率、数量及方向的进给脉冲信号（指令信号），并将其转换成控制步进电动机各相定子绕组通、断电的电平信号，且电平信号的变化频率、次数和通电顺序与进给脉冲信号的频率、数量和方向相对应，使其正向或反向运转。

1. 步进电动机的驱动控制基本组成框图

为了实现上述的功能，一个比较完整的步进电动机驱动控制线路由脉冲混合电路、加减脉冲分配电路、加减速电路、环形脉冲分配器和功率放大器组成，如图 5-27 所示。

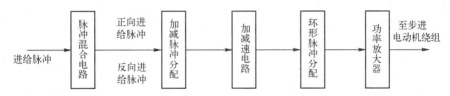

图 5-27　驱动控制线路框图

脉冲混合电路的作用是将来自数控系统的插补信号、各种类型的误差补偿、手动进给信号及手动回原点信号等混合为使工作台正向进给（或负向进给）的信号。

加减脉冲分配电路的作用是，当机床在正向进给脉冲信号控制下做正方向进给时，突然收到来自误差补偿的负向脉冲信号时，能自动地从正向脉冲信号中抵消掉相同数量的反向补偿脉冲，从而减少步进电动机无谓的正转－反转－正转的变化。

加减速电路的作用是将来自加减脉冲分配电路的跃变进给脉冲频率进行缓冲，使之变成符合步进电动机加减速特性的脉冲频率，然后再送入步进电动机的定子绕组，从而保持电动机正常、可靠地工作。

环形脉冲分配器的作用是把来自加减速电路的一系列进给脉冲指令转换成控制步进电动机定子绕组通、断电的电平信号，电平信号状态的改变次数及顺序与进给脉冲个数及方向相对应。

功率放大器的作用是对来自环形脉冲分配器的信号进行功率放大，以得到驱动步进电动机各相绕组所需的电流强度。

脉冲混合电路、加减速脉冲分配电路和环形脉冲分配器可用硬件线路来实现，也可用软件来实现。

2. 环形脉冲分配器

在控制系统中要实现对步进电动机的控制，必须对其各相的通电顺序进行分配，即所谓的脉冲分配。脉冲分配有两种方式：一种是硬件脉冲分配，即脉冲分配器；另一种是软件脉冲分配，是由计算机依靠软件来完成的。

（1）脉冲分配

脉冲分配和步进电动机的相数和控制方式有关，下面以三相步进电动机为例进行分析说明（假设三相绕组分别为 A、B、C）。在单三拍工作方式时，绕组的通电顺序为 A→B→C→A…，即每次只有一相通电，此时各相电压波形如图 5-28 所示。在双三拍工作方式时，绕组的通电顺序为 AB→BC→CA→AB…，即每一相均要连续通电两拍，此时各相的电压波形如图 5-29 所示；在六拍工作方式时，若绕组的通电顺序为 A→AB→B→BC→C→CA→A…，即每相均要连续通电三拍，此时各相的波形如图 5-30 所示。

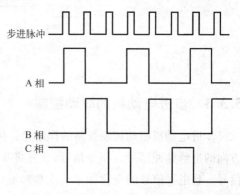

图 5-28　三相单三拍的波形图

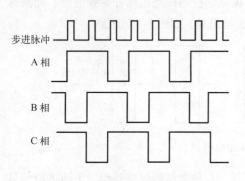

图 5-29　三相双三拍的波形图

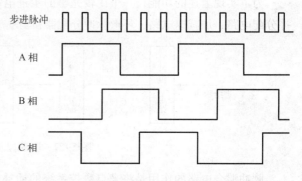

图 5-30　三相六拍的波形图

（2）脉冲分配器

脉冲分配器是一种特殊的可逆循环计数器，可以用门电路及逻辑电路构成，提供符合步进电动机控制指令所需的顺序脉冲（如"1"表示接通，"0"表示断开）。目前，已有很多可靠性高、尺寸小、使用方便的集成电路脉冲分配器供选择。按其电路构成的不同，可分为 TTL 脉冲分配器和 CMOS 脉冲分配器。

目前市场上提供的国产 TTL 脉冲分配器有三相（YB013）、四相（YB014）、五相（YB015和六相（YB016）等，它们均为 18 个引脚的直插式封装形式。CMOS 脉冲分配器也有不同的型号。例如，CH250 集成芯片用来驱动三相步进电动机，封装形式为 16 脚直插式。

图 5-31 是三相步进电动机六拍工作时的环形脉冲分配器。它是由与非门、D 触发器等组成。指令脉冲加到触发器的时钟端 CP_0，控制脉冲的输出。其 3 根输出引线分别接步进电动机 3个线圈的 A 相、B 相、C 相功率放大器的输入端。+X 表示正转信号，−X 表示反转信号。这种电路结构较复杂。现在多使用专用集成电路来实现脉冲分配，图 5-32 所示为 CH250 集成芯片的引脚图和三相六拍接线图，表 5-2 是 CH250 的状态表。

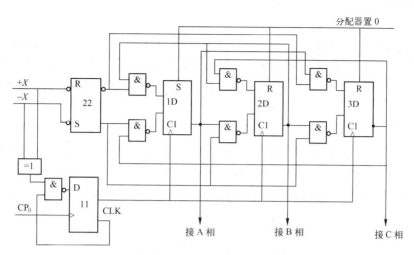

图 5-31　三相六拍环形脉冲分配器

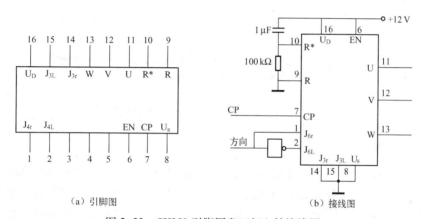

（a）引脚图　　　　　　　　　（b）接线图

图 5-32　CH250 引脚图和三相六拍接线图

表 5-2　CH250 真值表（$R^* = R = 0$ 时）

CP	EN	J_{3r}	J_{3L}	J_{6r}	J_{6L}	功　能
+	1	1	0	0	0	双三拍正转
+	1	0	1	0	0	双三拍反转
+	1	0	0	1	0	三相六拍正转
+	1	0	0	0	1	三相六拍反转
0	—	1	0	0	0	双三拍正转
0	—	0	1	0	0	双三拍反转
0	—	0	0	1	0	三相六拍正转
0	—	0	0	0	1	三相六拍反转
—	1	*	*	*	*	不变
*	0	*	*	*	*	不变
0	+	*	*	*	*	不变
1	*	*	*	*	*	不变

注：+ 表示上升沿有效；0 表示下降沿有效；* 表示无效。

这两种脉冲分配器的工作方式基本相同。当各个引脚连接好之后，主要通过一个脉冲输入端控制步进的速度，另一个输入端控制电动机的转向；并有与步进电动机相数相同数目的输出端分别控制电动机的各相。这类硬件脉冲分配器通常直接包含在步进电动机的驱动控制电路内。数控系统内通过插补运算，得出每个坐标轴的位移信号，通过输出接口，向步进电动机驱动控制电路定时发出位移脉冲信号和正反转信号。

在计算机控制的步进电动机驱动系统中，可以采用软件的方法实现环形脉冲分配。图 5-33 是一个采用 8031 单片机与步进电动机驱动电路接口连接的框图。P1 口的 3 个引脚经过光电耦合、功率放大以后，分别与电动机的 A、B、C 三相连接，同样 P1 口高电平有效。采用软件进行脉冲分配，虽然增加了软件编程的复杂程度，但省去了硬件脉冲分配器，系统减少了器件，降低了成本，也提高了系统的可靠性。

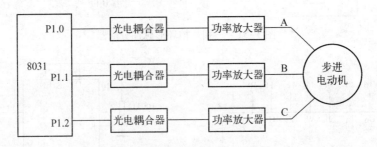

图 5-33　计算机控制的步进电动机驱动电路框图

3. 功率放大器

由于从环形脉冲分配器来的进给控制信号的电流只有几毫安，而步进电动机的定子绕组需要几安［培］的电流才能被驱动，因此需要将从环形脉冲分配器来的信号进行功率放大。功率放大器一般由两部分组成，即前置放大器和大功率放大器。前者是为了放大环形脉冲分配器送来的进给控制信号并推动大功率驱动部分而设置的。它一般由几级反相器、射极跟随器或带脉冲变压器的放大器等组成。后者是进一步将前置放大器送来的电平信号放大，得到步进电动机各相绕组所需的电流，它既需要控制步进电动机各相绕组的通电、断电，又要起到功率放大作用，因而是步进电动机驱动电路中很重要的一部分。

驱动功率放大电路的控制方式种类较多，常用的功率放大电路有电压型和电流型；电压型又有单电压型、双电压型（高低压型）；电流型中有恒流驱动、斩波驱动等。所采用的功率半导体可以是大功率晶体管 GTR，也可以是功率场效应 MOS 管或可关断控制 GTO。

（1）对步进电动机驱动电路的要求

① 能提供前后沿陡直的接近矩形波的励磁电流。

② 驱动电路本身的功耗小、效率高。

③ 成本低，便于维修。

④ 能稳定可靠地运行。

（2）单电压驱动电路

如图 5-34 所示，图中 A、B、C 分别为步进电动机的三相，每相由一组放大器驱动。放大器输入端与环形脉冲分配器相连。在没有脉冲输入时，3DK4 和 3DD15 功率放大器均截止。绕组中无电流通过。电动机不转。当 A 相得电，电动机转动一步。当脉冲依次加到 A、B、C 三个输入端时，三组放大器分别驱动不同的绕组，使电动机一步一步地转动。电路中与绕组并联的二极管 VD 分别起续流作用，即在功放管截止时，使储存在绕组中的能量通过二极管形成续流回路泄放，从而保护功放管。

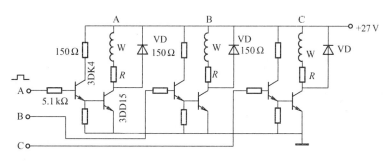

图 5-34　单电压驱动电路

与绕组串联的电阻 R 为限流电阻，限制通过绕组的电流不致超过其额定值，以免电动机发热量过大被烧坏。R 的阻值一般在 5 ～ 20 Ω 范围内选取。

该电路结构简单，但串接在大电流回路中要消耗能量，使放大器功率降低。同时，由于绕组电感 L 较大，电路对脉冲电流的反应较慢，因此，输出脉冲波形差、输出功率低。这种放大器主要用于对速度要求不高的小型步进电动机中。

（3）高低压功率放大电路

图 5-35（a）为采用脉冲变压器 T_1 组成的高低压控制电路原理图。无脉冲输入时，VT_1、VT_2、VT_3、VT_4 均截止，电动机绕组 W 无电流通过，电动机不转。

有脉冲输入时，VT_1、VT_2、VT_4 饱和导通，在 VT_2 由截止到饱和期间，其集电极电流，也就是脉冲变压 T_1 的一次电流急剧增加，在变压器二次侧感生一个电压，使 VT_3 导通，80 V 的高压经高压管 VT_3 加到绕组 W 上，使电流迅速上升，当 VT_2 进入稳定状态后，T_1 一次侧电流暂时恒定，无磁通量变化，二次侧的感应电压为零，VT_3 截止。这时，12 V 低压电源经 VD_1 加到电动机绕组 W 上并维持绕组中的电流。输入脉冲结束后 VT_1、VT_2、VT_3、VT_4 又都截止，储存在 W 中的能量通过 18 Ω 的电阻和 VD_2 放电，18 Ω 电阻的作用是减小放电回路的时间常数，改善电流波形的后沿。该电路由于采用高压驱动，电流增长加快，脉冲电流的前沿变陡，电动机的转矩和运行频率都得到了提高。

图 5-35（b）为采用单稳触发器组成的高低压控制电路原理图。当输入端为低电平时，低压部分的 VMOS 管 VF_2（IRF250）栅极为低电平，VF_2 截止。同时单稳态电路 VF_1 不触发，Q 端 6 脚输出高电平，开关管 VT_1（3DAl50）饱和导通，高压管 VF_1（IRF250）栅极为低电平，VF_1 截止，绕组中也无电流通过。当输入端输入一进给脉冲时，VF_2 的栅极为高电平，则低压管 VF_2 导通。同时脉冲的上升沿使 4528 单稳态电路触发，Q 端 6 脚输出低电平，这时开关管 VT_1（3DAl50）截止，高压管 VF_1（IRF250）导通，这时由于 A 点电位比 12V 高，故二极管 VD_5 截止，电流通过高压管 VF_1（IRF250）流经绕组及低压管 VF_2（IRF250）进入电源负极。4528 单稳态电路定时结束，6 脚输出高电平，使高压管 VF_1（IRF250）截止。这时 A 点电位低于 12 V，则 12 V 电流开始向绕组输送低电压电流，以维持绕组稳定在额定电流上。高压导通的时间由单

稳态申路决定，通过调节 R、C 参数使高压开通的时间恰好使绕组的电流上升到额定值左右再关闭。时间的调节要非常小心，时间稍长即可能烧毁晶体管。

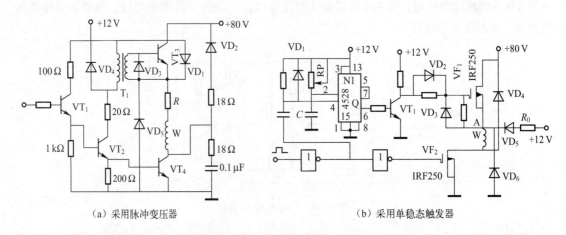

（a）采用脉冲变压器   （b）采用单稳态触发器

图 5-35　高低压功率放大电路

高低压功率放大电路由于仅在脉冲开始的一瞬间接通高压电源，其余的时间均由低压供电，故效率很高。又由于电流上升率高，故高速运行性能好、但由于电流波形陡，有时还会产生过冲，故谐波成分丰富，致使电动机运行时振动较大（尤其在低速运行时）。

（4）恒流源功率放大电路

恒流源功率放大电路如图 5-36 所示。当 A 处输入为低电平时 VT$_1$（3DK2）截止，这时由 VT$_2$（3DK4）及 VT$_3$（3DDl5）组成的达林顿管导通，电流由电源正端流经电动机绕组 W 及达林顿复合管经由 PNP 型大功率管 VT$_4$（2955）组成的恒流源流向电源负端。电流的大小取决于恒流源的恒流值，当发射极电阻减小时，恒流值增大；当电阻增大时，恒流值减小。由于恒流源的动态电阻很大，故绕组可在较低的电压下取得较高的电流上升。由于此时电路为反相驱动，故脉冲在进入恒流源驱动电源前应反相后再送入输入端。

恒流源功率放大电路的特点是在较低的电压上有一定的上升率，因而可用在较高频率的驱动上。由于电源电压较低，功耗将减小，效率有所提高。由于恒流源管工作在放大区，管压降较大，功耗很大；故必须注意对恒流源管采用较大的散热片散热。

（5）斩波恒流功率放大电路

图 5-37 所示为性能较好的斩波恒流功率放大电路。采用大功率 MOS 场效应晶体管作为功放管。

图中 VF$_1$、VF$_2$ 为开关管。电动机绕组 W 串接在 VF$_1$、VF$_2$ 之间，VT 为 VF$_1$ 的驱动管。

CP 为比较器，它与周围的电阻组成滞回比较器，其同相端接参考电压 U_R（可由电位器 RP 调到所需要的数值），反相端接在 0.3Ω 的检测电阻 R_1 上。比较器的输出经 Y、VT 进而控制高压开关管 VF$_1$ 的通断。VD$_1$、VD$_2$ 为两极反相驱动器，与非门 Y 为高压管的控制门。

输人为低电平时，VF$_2$ 因栅极电位为零而截止。此时，Y 输出为 1，VT 饱和导通，VF$_1$ 的栅极也是零电位，故 VF$_1$ 也截止，绕组 W 中无电流通过，电动机不转。

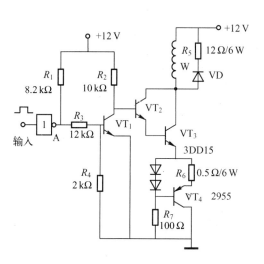

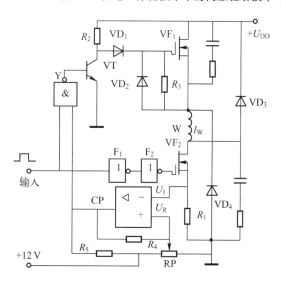

图 5-36　恒流源功率放大电路　　　　　　图 5-37　斩波恒流源功率放大电路

输入为高电平时，VF$_2$ 饱和导通。流过 VF$_2$ 的电流按指数规律上升，当在检测电阻 R$_1$ 上的降压 U_1 小于 U_R 时，比较器输出高电平，它与输入脉冲的高电平一起加到 Y 的两个输入端上，使 Y 输出为零，VT 截止，高电压 U_{DD} 经 VD$_1$ 加到高压管 VF$_1$ 的栅极上，使 VF$_1$ 饱和导通，高压 U_{DD} 经 VF$_1$ 加到绕组 W 上，使电流急速上升。当电流上升到预先调好的额定值后，R$_1$ 上的压降 $U_1 > U_R$，比较器输出低电平，将与非门 Y 关上，Y 输出的高电平使 VT 饱和导通，VF$_1$ 截止。此时，储存在 W 中的能量经 VF$_2$、VD$_4$ 泄放，电流下降，当电流下降到某一数值时，比较器又输出高电平，经 Y、VT 使 VF$_1$ 再次导通，高压又加到 W 上，电流又上升，升到额定值后，比较器再次翻转，输出低电平，又使 VF$_1$ 关断。这样，在输入脉冲持续期间，VF$_1$ 不断地开、关。开启时，U_{DD} 加到 W 上，使 I_W 上升；关断时，W 经 VF$_2$、VD$_4$ 泄放能量，使 I_W 下降；当输入脉冲结束后，VF$_1$、VF$_2$ 均截止，储存在 W 中的能量经 VD$_3$ 回馈给电源。绕组上的电压和电流的波形如图 5-38 所示。可见，在输入脉冲持续期间，VF$_1$ 多次导通给 W 补充电流使电流平均值稳定在所要求的数值上。

该电路由于去掉了限流电阻，效率显著提高，并利用高压储能，波的前沿得到了改善，从而可使步进电动机的输出加大，运行频率得以提高。

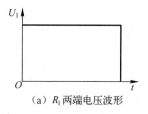

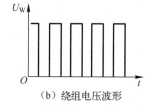

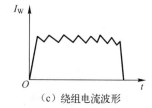

（a）R$_1$ 两端电压波形　　　　　（b）绕组电压波形　　　　　（c）绕组电流波形

图 5-38　波形图

5.4 机电一体化技术中的液压伺服驱动技术

学习目标

● 掌握液压控制系统的组成。

● 理解液压控制系统的工作原理。

液压与气压传动控制是以流体为工作介质进行能量传递和控制的一种传动形式。随着机电一体化技术的发展，微电子、计算机技术不断渗入，液压与气压传动控制，成为机械设备中发展速度最快的技术之一。它们通过各种元件组成不同功能的基本回路，再由若干基本回路有机地组合成具有一定控制功能的传动系统，应用在日常工作和生活中经常见到的各种机器中，如汽车、电梯、机床等机电设备都有不同程度的液压气动控制回路。

1. 液压控制系统的基本特点

液压传动装置本质上是一种能量转换装置，它先将机械能转换为便于输送的液压能，后又将液压能转换为机械能做功，以实现某种控制目的。

液压控制与其他控制方式相比较，在相同功率下，液压控制回路的能量转换元件体积较小，工作平稳，换向冲击小，便于实现频繁换向；工作油液能使传动零件实现自润滑，故使用寿命较长；因操纵简单，易于实现复杂的自动工作循环；加之液压元件系列化、标准化和通用化因此液压系统应用十分广泛。但在液压传动过程中，存在泄漏和能量损失（如泄漏损失、摩擦损失等），故传动效率不是很高，不适合远距离传动；另外，由于液体对温度的变化敏感，不宜在很高和很低的温度下工作；液压传动出现故障时不易找出原因。

2. 液压控制系统的组成

液压控制系统由以下 4 部分组成：

① 动力元件：如液压泵，它将机械能转换为液体介质的压力能，向液压系统提供动力，是系统的动力源。

② 执行元件：如液压缸、液压马达等，它是将液压能转换为机械能的装置，在压力油的推动下，它输出力和速度（或力矩和转速）以驱动其他工作部件。

③ 控制元件：如溢流阀、节流阀、换向阀等。这些元件通过电气、手动等方式来实现对液压系统中油液压力、流量和流动方向的控制。

④ 辅助元件：如油箱、油管、过滤器以及各种指示器和控制仪表等。它们的作用是提供必要的条件使系统得以正常工作和便于监测控制。

下面以机床工作台液压传动系统为例，说明动力元件、执行元件、控制元件、辅助元件之间在控制系统中的相互关系。

图 5-39 所示为液压系统原理结构示意图，在图示位置时，液压油路流经途径如下：

油箱 1—过滤器 2—液压泵 3—节流阀 4—换向阀 5—油管 9—活塞连同工作台 8 向左移动—液压缸左腔

同时，液压缸右腔的油通过节流阀 4 排回油箱。

当所推动的阻力大于液压推动力时，液压油路流经途径改变为：

油箱 1—过滤器 2—液压泵 3—溢流阀 11—油管 12—油箱

如果将换向阀的手柄扳到左边时，则压力油经换向阀进入液压缸的右腔，推动活塞连同工作台向右移动。这时液压缸的左腔的油经换向阀和回油管排回油箱。

在这里节流阀用来调节工作台的移动速度。当节流阀开口较大时，进入液压缸的流量较大，工作台的移动速度也较快；反之，当节流阀开口较小时，工作台的移动速度则较慢。

另外，当工作台低速移动时节流阀开口较小，泵出口多余的压力油亦需排回油箱。

这些功能是由溢流阀 11 来实现的，调节溢流阀弹簧的预压力就能调整泵出口的油液压力，并让多余的油在相应压力下打开溢流阀，经回油管流回油箱。

组成液压系统示意图的各个元件是用半结构式图形画出来的，这种图形直观性强，较易理解，但难绘制，为此，工程技术人员对液压元件专门制定了标准化符号，即国家标准 GB786.1—1993。对于图 5-39 所示的液压系统，若用规定的液压图形符号绘制，则其系统原理图如图 5-40 所示。图中的符号只表示元件的功能，不表示元件的结构和参数，使用这些图形符号，可使液压系统图简单明了、便于绘制。

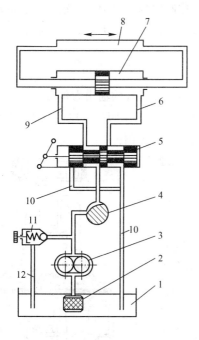

图 5-39　液压系统示意图

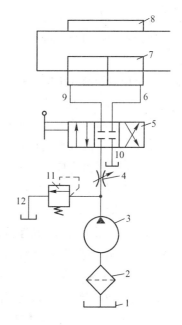

图 5-40　液压系统原理图

5.5　机电一体化技术中的气压伺服驱动技术

学习目标

- 了解气压控制阀。

- 理解气动控制回路。

5.5.1 气压传动与控制

在气压传动中，能源的介质通常是压缩空气。本节将主要介绍气动元件、基本气动系统及基本控制方法等气压传动基本技术。复杂的气动控制系统大多都由程序或其他逻辑控制装置来控制。

1. 气动控制的基本特点

空气是最方便的传动介质，方便适用，可在许多场合使用；根据需要容易地储存大量的压缩空气；使用气动元件属于简单设计，因而适合较简单自动控制系统，便于控制。易于实现无级调速的直线和回转运动，动作响应快；气动元件价格合适，维护费用较低，经济性好；气动元件有很长的工作寿命，使系统有很高的可靠性；压缩空气很大程度上不受高温、灰尘、腐蚀的影响，对环境无污染，可装入标准的清洁房内，这一点是其他系统所不能及的。但是，气动控制难于实现精确控制，输出力矩较小，因此，广泛应用于食品生产、医药生产等行业。

2. 各类控制阀

同液压元件一样，气动执行元件的执行，需要控制它的输出力、运动方向、运动速度，才能使气缸满足生产要求，因此，在气动系统中对执行元件的输出力、运动方向和运动速度的控制分别采用压力阀、方向阀和调速阀来完成。

（1）压力控制元件

压力控制元件是用来控制气路中压缩空气的压力，使气缸的输出力保持在一定的范围，保证气缸的输出力大小。压力控制元件分普通调压阀、精密调压阀、电控调压阀（E/P 调压阀）和增压阀 4 种。有些教材将顺序阀和安全阀也列入压力控制元件。

图 5-41 所示为一个溢流式普通调压阀的结构原理图。左端是进气口、右端是出气口、中间有一个主阀板，阀板上方有一个膜片及弹簧。弹簧力的大小靠旋钮来控制，以控制出口压力保持一定。

实际上普通的调压阀很难精确地调整到设定压力值。当进口的压力增大时，由于摩擦力、调压阀弹簧刚度等很多参数的影响，输出的压力降低。当膜片在变形时，弹簧的压力也在改变，同时弹簧作用在膜片上的力也是改变的。因此，没有这个弹簧，它就不能工作。而有了这个弹簧，就对它的特性有一定的影响。对于压力精度要求比较高的回路，可采用精密调压阀。

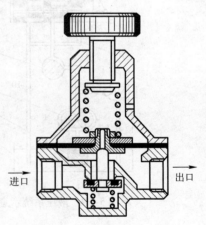

图 5-41　溢流式普通调压阀

对于精密调压阀来说，作用在主膜片上腔的力并不是弹簧力，而是一个比较稳定的空气压力，而且这个空气压力受弹簧力的影响很小。这样的调压阀有一定的调压精度。

在一些气动系统中或气动伺服系统中，需要用电信号直接控制调压阀输出压力的高低时，需要用电控调压阀。

采用复合阀是当今气动技术的一大趋势。图 5-42 所示为一种将过滤器和调压阀复合在一起的过滤减压阀结构。它不仅具有过滤的功能，而且还具有调压功能，节省了安装空间，习惯上称为双联件。有的是将过滤器、减压阀、油雾器三者合为一件，习惯上称为三联件。还有一种是叠装设计的方向阀和减压阀。它是在一个板式连接的换向阀中间，插入一个减压阀，在调压阀和换向阀之间没有管路连接，而是直接由阀块连接。这样把两种阀和汇流板复合在一起，使系统既具有调压、换向功能，又便于安装。

综上所述，应根据不同的使用目的及技术要求来选用压力控制元件。选用调压阀时，主要考虑三方面：

① 压力精度要求，对精度要求不高的压力控制回路，用普通调压阀即可。

② 压力调节方式，手动调压还是电控调压。当回路需要电控调压阀时，考虑响应速度是否满足要求。例如，电磁铁电磁阀，通常是用在高精度、响应速度快、大容量的气动控制系统中。

③ 最大流量校核，选择不同通径的调压阀，也就确定了回路流过这个阀的流通能力。如果所选择的调压阀太小，则回路的最大流量远远大于调压阀所能通过的流量，在最大流量通过的时候，它要产生一个很大的压力损失，使得执行机构不能得到所需最大压力（推力）。因此，选择调压阀一定要根据回路最大流量的大小来进行校核。

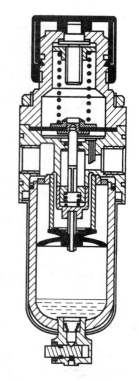

图 5-42　过滤减压阀结构

（2）方向控制阀

方向控制阀按其操纵方式可分为如表 5-3 所示的各种形式。

表 5-3　方向控制阀的操纵方式

操作方式	工作原理及应用
机械操作	利用机械接触来直接驱动主阀芯换向
手动操作	直接用人工操作接驱动主阀芯换向，也称为人工操作换向阀，有手柄驱动方式、按钮方式和脚踏方式
气控操作	利用气压来直接驱动主阀芯换向，通常用在不允许使用电气信号、防爆要求较高的环境下
直动型电磁操作	直接用电磁铁产生的力去推动小口径的主阀芯
先导型电磁操作	电磁铁的通电先来控制一小阀（先导阀），通过小阀作用在主阀两端的气压来推动主阀、驱动主阀换向，而不直接用电磁力来换向

方向控制阀也可按通道数来分类，如两位三通阀、两位四通阀和两位五通阀，如表 5-4 所示。

表 5-4　按通道数分类的方向控制阀

图形符号	开关功能	主要用途
A↑ P	2/ON/OFF 没有排气	气马达和气动工具

续表

图形符号	开关功能	主要用途
A P B	3/2 常闭（NC）	单作用气缸（推出型），气动信号
A R P	3/2 常开（NO）	单作用气缸（推进型）
A B P R	4/2 输出口 A、B 之间的换向带共同排气口	双作用气缸
B A P2 P R1	5/2 输出口 A、B 之间的换向带独立排气口	双作用气缸
B A B2 P B1	5/3 中间排气式，如 5/2 中位时，输出 AB 均排气	双作用气缸，气缸可能均卸压
B A B2 P B1	5/3 中间密封式，如 5/2 中位时，完全密封住气	双作用油缸，气缸可在任意位置停止
B A B2 P B1	5/3 加压式	特殊用途

根据阀的控制数量，可以将阀分为单控阀和双控阀。单控阀能在控制力或信号撤销后，在弹簧的作用下复位，具有"单稳"作用。双控阀则在控制力或信号撤销后"保持"原位，具有"记忆"功能。而这种"记忆"功能单控阀是没有的。

单向阀和梭阀也属于方向控制阀。单向阀结构简单，多安装于气源终端以便与用气设备连接。梭阀的结构原理图如图5-43所示。它有一个出气口和两个进气口。无论从哪个进气口进气，都有输出气流。当气流来自左边时，中间的阀芯被推向右侧，把右边的阀口卡死，气流从出口流出；当气流从右边进来时，中间的阀芯就被推向左侧，把左边的阀口卡住，气流从流出口流出。梭阀具有逻辑或的功能。

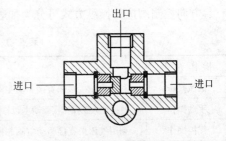

图5-43 梭阀的结构原理图

方向控制阀的选择主要考虑以下几方面：

① 控制方式的选择在不同的条件下，对控制方式的选择不同，若在防爆条件要求苛刻的情况下，只能考虑选用气控式的。一般情况下最好选用电磁控制方式，它适于用可编程控制器进行控制，适应比较复杂的气动控制系统。

② 根据气缸操作方式选择气缸的操作方式有双动或单动之分，根据不同要求，可以选用二位二通或三通阀，也可以选用二位四通或二位五通阀。如果气动执行元件有特殊要求，如任意位置停止或保持，则应选用三位阀并确定其中间位置形式。中间位置有封闭式、加压式和排气式3种形式。如果阀是在空气净化程度比较好的气动回路中工作，而阀的工作频率比较高时，应选用金属间隙密封（硬配合）形式，使阀的寿命延长。若空气净化程度欠佳，应采用橡胶软密封形式。

③ 根据气缸的流量要求选择方向控制阀的流通能力由回路中的最大流量所决定，气缸的直径、横断面积、气缸活塞的移动速度是方向控制阀选择的基本依据。

（3）调速阀

调速阀用来控制气缸的移动速度。它由一个节流阀和一个单向阀组成，其结构原理如图5-44所示。针阀和阀座之间的间隙决定调速阀的节流开口大小。针阀和阀座之间的间隙可通过旋钮来调节。调速阀分为排气节流型和进气节流型两种型式。当在这个方向连接一个气缸时，气缸排气腔的压缩空气不能够及时排到大气中，而会使气缸的速度变低。

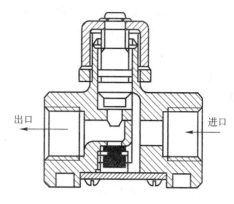

图 5-44　调速阀

要得到一个稳定的调速特性，通常应采用排气节流调速。虽然调速阀可以调节气缸的移动速度，但在工程上经常需要气缸反向运动时能够快速移动。由于调速阀在气流反向时起节流的作用，再加上管道的气阻，使气缸排气腔的压缩空气不能及时排出，压力不能快速下降，气缸也不会马上反向运动。这时就应考虑使用快速排气阀。快速排气阀的工作原理与前述的梭阀类似。

（4）气缸

气缸从最基本的形式派生出各种各样不同的气缸。其中，有不同动作特性的复合气缸，也有各种各样特殊性能的特殊气缸。

目前，在工业自动化领域用到的气动执行元件通常可分为直线型和回转型两大类，约有上万个品种型号。按其作用方式及用途细分，直线型可分为单作用气缸、双作用气缸和特殊用途气缸三类；回转型可分为回转气缸与气马达两类。

有些气缸为了安全的需要，在气缸的前端加一个锁紧装置。通过这个装置，可让活塞停止在行程两端或行程中的任何一个位置。普通气缸不具备这个功能，只能在行程的末端和终端的两个极限位置间往复运动。加上锁紧装置以后，在需要停止的位置，锁紧装置有弹簧锁紧型、气压锁紧型、弹簧与气压并用锁紧型等3种不同的类型。

5.5.2　气动控制回路

1. 气动控制回路的基本组成

气动控制回路与液压控制回路的基本组成一样，也是由以下4部分组成：

① 动力元件：如气泵，它将机械能转换为气体介质的压力能，向气动系统提供动力，是系统的动力源。

② 执行元件：如气缸、气爪等，它是将气压能转换为机械能的装置，在压缩空气的推动下，它输出力和速度（或力矩和转速）以使其他驱动部件工作。

③ 控制元件：如节流阀、换向阀等。这些元件通过电气、手动等方式来实现对气动回路中压缩空气的压力、流量和流动方向的控制。

④ 辅助元件：如油雾气、过滤器以及各种指示器和控制仪表等。它们的作用是提供必要的条件使系统得以正常工作和便于监测控制。

2. 气动回路的基本控制方式

气动回路的基本控制方式一般有 3 种：

① 电气－气动控制方式，常用磁性开关、各类继电器、可编程控制器等电器件。

② 全气动控制方式，常用各类气动逻辑元件、气控阀、气控传感器等元件。

③ 机械操作方式，如手动、脚控机控阀、机械限位阀等。

由于自动化生产过程的不同要求，实际气动回路的组成千变万化，但是无论多么复杂的回路，它都是由一些典型的气动元件构成的。

3. 典型的气动控制回路

图 5-45 所示为一个比较典型的气动控制回路。气源 1 的压缩空气经过过滤器 2、减压阀 3、油雾器 4 进入气动回路，二位三通阀 7 分别控制单作用气缸 10 的方向，两个调速阀 8、9 串联可在往返行程调速。消声器 6 和节流阀 5，可起到排气节流和消声的目的。二位五通阀 13 控制双作用气缸 11 的方向，两个调速阀 12 分别控制双作用气缸 11 往返行程的速度。

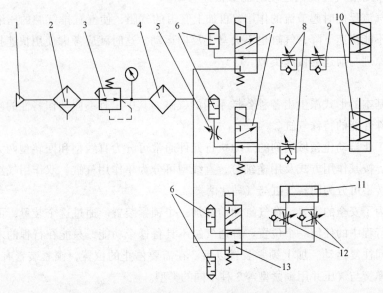

图 5-45 典型的气动控制回路

1—气源；2—过滤器；3—减压阀；4—油雾器；5—节流阀；6—消声器；7—二位三通阀；

8、9—调速阀；10、11—气缸；12—调速阀；13—二位五通阀

【应用与实操训练】

一、实训目标

使用 PLC，对步进电动机的转角、转速、转向进行伺服驱动控制。

二、实训内容

实操电路接线框图如图 5-46 所示，PLC 程序如图 5-47 所示。

① 矩形脉冲频率控制程序。

② 矩形脉冲个数控制程序。

三、实训器材与工具

S7-200 西门子 PLC、步进电动机、步进电动机驱动控制器，导线若干。

四、实训步骤

① 电路连接：按照图 5-46 连接好电路。

② 程序输入：在 S7-200PLC 中，输入梯形图。

③ 通电、运行程序，进行步进电动机转速、转角控制。

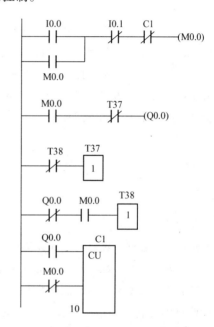

图 5-46　电路连接框图　　　　图 5-47　步进电动机 PLC 驱动控制基本程序

【复习训练题】

1. 机电一体化技术中常用伺服驱动技术有哪些?

2. 直流伺服电动机结构与工作原理。

3. PWM 调速技术。

4. 交流伺服电动机调速技术。

5. 步进电动机结构与工作原理。

6. 步进电动机相关参数。

7. 步进电动机转速、转向、转角控制。

8. 步进电动机驱动控制技术。

9. 液压伺服驱动系统组成与驱动原理。

10. 气压伺服驱动原理。

随着生产和科学技术的发展，自动控制技术在许多领域里获得了广泛的应用。自动控制技术的应用，不仅使生产过程实现了自动化，改善了劳动条件；同时全面提高了劳动生产率和产品质量，降低了生产成本，提高了经济效益；在人类征服大自然、探索新能源、发展新技术和创造人类社会文明等方面都具有十分重要的意义。可以说，自动控制已成为推动经济发展，促进社会进步所必不可少的一门技术。

6.1　自动控制技术概述

学习目标

- 掌握自动控制系统的组成和分类。
- 掌握开环控制系统与闭环控制系统各自的特点。
- 了解自动控制系统的性能及基本规律。

所谓自动控制，是指在没有人直接参与的情况下，利用控制装置使整个生产过程或工作机械自动地按预先规定的规律运行，达到要求的指标；或使它的某些物理量按预定的要求变化。

6.1.1　自动控制系统中常用的名词术语

自动控制系统是由被控对象和自动控制装置按一定方式联结起来的，以完成某种自动控制任务的有机整体。其常用的名词术语如下：

① 输入信号：作用于系统的激励信号定义为系统的控制量或参考输入量。通常是指给定值，它是控制着输出量变化规律的指令信号。

② 输出信号：被控对象中需要控制的物理量定义为系统的被控量或输出量。它与输入量之间保持一定的函数关系。

③ 反馈信号：由系统（或元件）输出端取出并反向送回系统（或元件）输入端的信号称为反馈信号。反馈有主反馈和局部反馈之分。

④ 偏差信号：指参考输入与主反馈信号之差。偏差信号简称偏差，其实质是从输入端定义的误差信号。

⑤ 误差信号：指系统输出量的实际值与期望值之差，简称误差，其实质是从输出端定义的误差信号。

⑥ 扰动信号：在自动控制系统中，妨碍控制量对被控量进行正常控制的所有因素称为扰

动量。简称扰动或干扰，它与控制作用相反，是一种不希望的、能破坏系统输出规律的不利因素。

例如，在直流调速系统中，触发器放大倍数的变化，外接交流电源的电压波动，电动机负载的变化等，都可看成是扰动量。扰动量和控制量都是自动控制系统的输入量。扰动量按其来源可分为内部扰动和外部扰动。内部扰动是指来自系统内部的扰动，如系统元件参数的变化。来自系统外部的扰动称为外部扰动，如电动机负载的变化、电网电压的波动、环境温度的变化等。在控制系统中如何使被控制量按照预定的变化规律变化而不受扰动的影响，这是控制系统所要解决的最基本的问题。

6.1.2　开环与闭环控制系统

自动控制系统的结构形式多种多样。若通过某种装置使系统的输出量反过来影响系统的输入量，这种作用称为反馈作用。反馈环节构成的回路称为环。控制系统按照是否设有反馈环节，可以分为两类：一类是开环控制系统；另一类是闭环控制系统。若要实现复杂且精度较高的控制任务，可将开环控制和闭环控制结合在一起，形成复合控制。

1. 开环控制系统

所谓开环控制系统是指系统只有输入量的向前控制作用，输出量并不反馈回来影响输入量的控制作用，即系统的输出量对系统的控制作用没有影响。在开环系统中，由于不存在输出量对输入量的反馈，因此系统不存在闭合回路。其控制系统框图如图 6-1 所示。

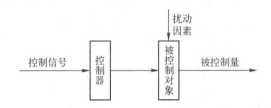

图 6-1　开环控制系统框图

开环系统的优点是结构简单，系统稳定性好，调试方便，成本低。开环系统的精度主要取决于控制信号的标定精度、控制装置参数的稳定程度以及外部扰动因素。因此，在输入量和输出量之间的关系固定，且内部参数和外部负载等扰动因素不大，或这些扰动因素可以预测并进行补偿的前提下，应尽量采用开环控制系统。

开环控制的缺点是当控制过程中受到来自系统外部的各种扰动因素（如负载变化、电源电压波动等）以及来自系统内部的扰动因素（如元件参数变化等）时，都将会直接影响到输出量，而控制系统不能自动进行补偿。因此，开环系统对控制信号和元器件的精度要求较高。

2. 闭环控制系统

闭环控制系统又称为反馈控制系统，这类系统的输出端与输入端之间存在反馈回路，输出量可以反馈到输入端，输出量反馈与输入量共同完成控制作用。闭环控制系统利用了负反馈获取偏差信号，利用偏差产生控制作用去克服偏差。这种控制原理称为反馈控制原理。由于闭环控制系统具有很强的纠偏能力，且控制精度较高，因而在工程中获得广泛应用，其控制系统框图如图 6-2 所示。

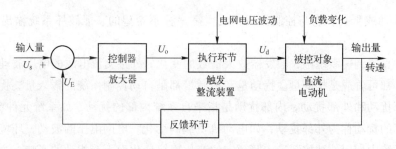

图 6-2　闭环控制系统

由于在闭环控制系统中采用了负反馈，因而被控制量对于外部或内部扰动所引起的误差可自动调节，这是闭环控制的突出优点。系统的输出精度只与系统的输入和反馈环节的精度有关，而与系统反馈环内其他环节的精度无关，这样就有可能采用精度不太高而成本比较低的元件构成控制质量较高的控制系统。当然，闭环控制系统要增加检测、反馈比较等环节，会使系统复杂、成本增加；同时，当系统参数选得不恰当时，将会造成系统振荡，甚至使系统不稳定而无法正常工作。这些都是采用闭环控制时必须加以重视并认真解决的问题。

3. 开环与闭环控制系统的比较

开环控制结构简单、成本低、工作稳定，因此，当系统的输入信号及扰动作用能预先知道并且系统要求精度不高时，可以采用开环控制。由于开环控制不能自动修正被控制量的偏离，因此系统的元件参数变化以及外界未知扰动对控制精度的影响较大。

闭环控制具有自动修正被控制量出现偏离的能力，因此可以修正元件参数变化及外界扰动引起的误差，其控制精度较高。但是，由于存在反馈，闭环控制中被控制量可能出现振荡，严重时会使系统无法工作。

6.1.3　自动控制系统的组成和分类

1. 自动控制系统的组成

由图 6-3 可以看出，一般自动控制系统包括：

① 给定元件：由它调节给定信号（U_{sT}），以调节输出量的大小，此处为给定电位器。

② 检测元件：由它检测输出量（如炉温 T）的大小，并反馈到输入端，此处为热电偶。

③ 比较环节：在此处反馈信号与给定信号进行叠加，信号的极性以"＋"或"－"表示。若为负反馈，则两信号极性相反。若极性相同，则为正反馈。

④ 放大元件：由于偏差信号一般很小，所以要经过电压放大和功率放大，以驱动执行元件。此处为晶体管放大器或集成运算放大器。

⑤ 执行元件：驱动被控制对象的环节。此处为伺服电动机、减速器和调压器。

⑥ 控制对象：亦称被调对象。在此恒温系统中即为电炉。

⑦ 反馈环节：由它将输出量引出，再回送到控制部分。一般的闭环系统中反馈环节包括检测、分压、滤波等单元，反馈信号与输入信号极性相同则为正反馈，相反则为负反馈。

2. 自动控制系统的分类

自动控制系统的种类繁多，其结构、性能也各有不同，因而分类方法也很多。不同的分类原则导致不同的分类结果。

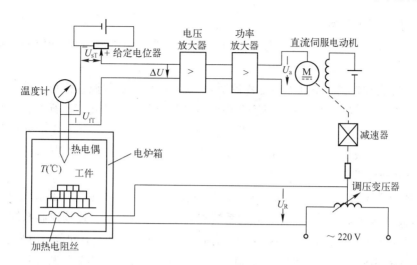

图 6-3 电炉箱恒温自动控制系统

（1）按控制策略分类

可分为顺序自动控制（即开环控制）与反馈控制系统两类，其中顺序自动控制系统又可分为：

① 时间顺序控制：按时间安排顺序执行预先给定的顺序命令。

② 条件顺序控制：顺序根据前一阶段的控制结果，选定下一阶段所要完成的控制目标。

（2）按照输入量的变化规律分类

① 恒值控制系统：系统的输入量是恒值，并要求系统的输出量也相应地保持恒定。这类控制系统的任务是保证在扰动作用下被控量始终保持在给定值上。恒值控制系统是最常见的一类自动控制系统，如自动调速系统（恒转速控制）、恒温控制系统和恒张力控制系统，以及工业生产中的恒压（压力）、稳压（电压）、稳流（电流）和恒频（频率）恒流量控制、恒液位高度控制等大量的自动控制系统都属于恒值控制系统。

对于恒值控制系统，着重研究各种扰动对输出量的影响，以及如何抑制扰动对输出量的影响，使输出量保持在预期值。

② 随动控制系统：若系统的输入量按一定规律变化（或随机变化），要求输出量能够准确、迅速跟随输入量的变化，此类系统称为随动控制系统。这种控制系统通常以功率很小的输入信号操纵大功率的工作机械。随动系统广泛地应用于刀架跟随系统、火炮控制系统、雷达自动跟踪系统和机器人控制系统、轮舵控制系统等。

对于随动控制系统，由于系统的输入量是随时变化的，研究的重点是系统输出量跟随输入量的准确性和快速性。

③ 程序控制系统：这种控制系统的输入量不为常值，它是按预先编制的程序变化的，并要求输出量与给定量的变化规律相同，此类系统称为程序控制系统。例如，热处理炉温度控制系统的升温、保温、降温过程都是按照预先设定的规律（程序）进行控制的，所以该系统属于程序控制系统。此外，数控机床的工作台移动系统、自动生产线等都属于程序控制系统。程序控制系统可以是开环系统，也可以是闭环系统。

（3）按被控制量来分类

① 运动控制系统：其特点是以电动机为被控制对象控制机械运动，其中包括恒值控制系统。

② 生产过程自动控制系统（简称过程控制）：这里的生产过程通常指在某设备中将原料放在一定的外界条件下，经过物理或化学变化而制成产品的过程，如化工、石油、造纸中的原料生产，冶金、发电中的热力过程等。在这些过程中，往往要求自动提供一定的外界条件，例如温度、压力、流量、液位、黏度、浓度等参量保持为恒值或按一定的规律变化。

（4）按照系统传递信号的特点分类

① 连续控制系统：也称为模拟控制系统。从系统中传递的信号来看，若系统中各环节的信号都是时间 t 的连续函数，即模拟量，此类系统称为连续控制系统。连续控制系统的性能一般是用微分方程来描述的。信号的时间函数允许有间断点，或者在某一时间范围内为连续函数。

② 断续控制系统：包含有断续元件，其输入量是连续量，而输出量是断续量。常见的断续控制系统有：

● 继电器控制系统：亦称为开关控制系统，如常规的机床电气控制系统。

● 离散控制系统：又称为采样数据控制系统。系统中有一处或多处信号为时间的离散信号，如脉冲信号或数码信号，其脉冲的幅值、宽度及符号取决于采样时刻的输入量。该系统特点是有的信号是断续量，例如脉冲序列、采样数据量和数字量等。这类信号在特定的时刻才取值，而在相邻时刻的间隔中信号是不确定的，即系统中有一处或多处信号为时间的离散信号。离散控制系统的特性通常用差分方程来描述。

● 数字控制系统：数字控制系统中，信号以数码形式传递，如计算机控制系统。

（5）按照系统的元件特性分类

若一个元件的输入与输出特性是线性的，则称该元件为线性元件。严格地讲，在实际的物理系统中是不存在线性系统的，但是当非线性不显著或工作范围不大时，为了研究方便，通常都视为是线性的。输入与输出特性中存在典型非线性（如饱和、死区、摩擦、间隙等）的元件，称为非线性元件。

① 线性控制系统：若组成系统的所有元件都是线性的，此类系统称为线性控制系统。系统的性能可以用线性微分方程来描述。线性系统的一个重要性质就是可以使用叠加原理，即几个扰动或控制量同时作用于系统时，其总的输出等于各个输入量单独作用时的输出之和。

② 非线性控制系统：若系统中有一些非线性元件，此类系统称为非线性系统。该类系统的性能往往要采用非线性方程来描述。叠加原理对非线性系统无效。分析非线性控制系统的工程方法常用相平面法和描述函数法。

（6）按系统中的参数对时间的变化情况分类

① 定常系统：又称为时不变系统。它的输出量与输入量间的关系用定常微分方程来描述，其特点是系统的全部参数不随时间而变化，即微分方程的所有系数不随时间变化。

② 时变系统：若微分方程中有的参数是时间 t 的函数，它随时间变化而改变，此类系统称为时变系统，例如宇宙飞船控制系统。

（7）按自动控制系统的功能分类

① 自动调节系统：即恒值控制系统。这类系统的特点是输入信号是一个恒定的数值。自动

调节系统主要研究各种干扰对系统输出的影响以及如何克服这些干扰，把输入、输出量尽量保持在希望数值上。

② 最优控制系统：指使控制系统实现对某种性能指标为最佳的控制。例如，用计算机控制系统就是在现有的限定条件下，恰当选择控制规律（数学模型），使受控对象运行指标处于最优状态，如产量最大、消耗最大、质量合格率最高、废品率最少等。最佳状态是由定出的数学模型确定的，有时是在限定的某几种范围内追求单项最好指标，有时是要求综合性最优指标。

③ 自适应控制系统：一种能够连续测量输入信号和系统特征的变化，自动地改变系统的结构与参数，使系统具有适应环境变化并始终保持优良品质的自动控制系统。例如，飞机特性随飞行高度和气流速度而变化；轧机张力随卷板机卷绕钢板多少而变化等。在这些情况下，普通固定结构的反馈自动控制系统就不能满足需要了，它们只能采用自适应控制系统。

④ 自学习系统：具有辨识、判断、积累经验和学习的功能。在控制特性不能确切地用数学模型描述时，采用自学习控制系统可以在工作过程中不断地测量，估价系统的特性，并决定最优控制方案，实现性能指标最优控制。如果用计算机能够不断地根据受控对象运行结果积累经验，自行改变和完善控制规律，使控制效果愈来愈好，这样的控制系统被称为自学习控制系统。

除了以上的分类方法外，还有其他一些方法。例如，按系统主要组成元件的类型来分类，可分为电气控制系统、机械控制系统、液压控制系统、气动控制系统等。

6.1.4 自动控制系统的性能及基本规律

1. 自动控制系统的性能要求

一个理想的控制系统，系统的输入量和输出量应时时相对应，运行中没有偏差，完全不受干扰的影响。而实际上，由于机械质量和惯量的存在，电路中储能元件存在，以及能源的功率限制，使得运动部件的加速度不会太大，速度和位移不能突变，所以当系统输入量变化或有干扰信号作用时，其输出量可能要经历一个逐渐变化的过程才能到达一个稳定值。系统受到外加信号作用后，输出量随时间变化的全过程称为动态过程。输出量处于相对稳定的状态，称为静态或稳态。

系统的动态品质和稳态性能可用相应的指标衡量。工程上常从稳定性（简称稳）、快速性（简称快）和准确性（简称准）三方面分析系统的性能。通常用系统的稳定性、稳态特性和动态特性来描述。

（1）稳定性

稳定性是指系统重新恢复平衡状态的能力。当系统受到外作用后产生振荡，输出量将会偏离原来的稳定值，这时，通过系统的反馈调节作用，系统可能回到（或接近）原来的稳定值（或跟随给定量）稳定下来（见图6-4），则该系统是稳定的。但也可能系统不能抑制振荡，输出是发散的（见图6-5），即系统不稳定。不稳定的控制系统无法完成正常的控制任务，甚至会损害设备，造成事故。因此，对任何控制系统，系统正常工作的首要条件是其必须是稳定系统。

（2）快速性

快速性是指系统动态过程经历时间的长短。表征这个动态过渡过程的性能指标称为动态性能指标（又称动态响应指标）。动态过渡过程时间越短，系统的快速性越好，即具有较高的动态精度。通常，系统的动态过程多是衰减振荡过程，输出量变化很快，以致输出量产生超出期望值的波动；经过几次振荡后，达到新的稳定工作状态。稳定性和快速性是反映系统动态过程好坏的尺度。

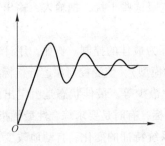

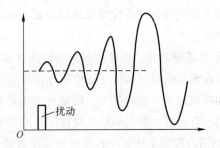

图 6-4　稳定系统的动态过程　　　　　图 6-5　不稳定系统的动态过程

（3）准确性

准确性指过渡过程结束后被控制量与希望值接近的程度，通常也叫作系统的稳态性能指标，用稳态误差 e_{ss} 来表示。所谓稳态误差，指的是动态过程结束后系统又进入稳态，此时系统输出量的期望值和实际值之间的偏差值。它表明了系统控制的准确程度。稳态误差越小，则系统的稳态精度越高。若稳态误差为零，则系统称为无差系统；若稳态误差不为零，则系统称为有差系统，如图 6-6 所示。

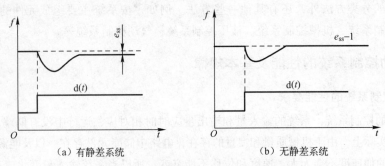

图 6-6　自动控制系统的稳态性能

考虑到控制系统的动态过程在不同阶段的特点，工程上常常从稳、快、准三方面来评价系统的总体精度。例如，恒值控制系统对准确性要求较高，随动控制系统则对快速性要求较高。同一系统中，稳定性、快速性和准确性往往是相互制约的。提高了快速性，可能增大振荡幅值，加剧了系统的振荡，甚至引起不稳定；而改善了稳定性又有可能使过渡过程变得缓慢，增长了过渡时间，甚至导致稳态误差增大，降低了系统的精度。所以，需要根据具体控制对象所提出的要求，在保证系统稳定的前提下，对其中的某些指标有所侧重，同时又要注意兼顾其他性能指标。此外，在考虑提高系统性能指标的同时，还要考虑到系统的可靠性和经济性。

2. 自动控制系统的性能指标

自动控制系统的性能指标一般包括静态指标、动态指标和经济指标。

（1）静态指标

反映系统静态运行中的性能，主要有调速范围 D、静差率 s、调速平滑性 φ 及稳定误差等。

（2）动态指标

反映系统动态过程的性能，主要有最大超调量 δ、上升时间 t_r、调整时间 t_s 及振荡次数 N 等。

（3）经济指标

反映系统的经济性，主要有调速设备投资费用、电能消耗费用和维护费用。

3. 自动控制系统的基本特征

自动控制系统是指带有反馈装置的系统（即从检出偏差到利用偏差进行控制，从而达到减少或消除偏差的目的），也就是说，自动控制系统自动而连续地测量被控制量，并求出偏差，进而根据偏差的大小和正负极性进行控制。因此，自动控制系统具有很强的自动纠偏能力，且控制精度较高。归纳起来，自动控制系统具有如下特征：

① 在结构上，系统必须具有反馈装置，并按负反馈的原则组成系统，采用负反馈，就可对控制量不断地检测，并将其变换成与输入量相同的物理量，再反馈到输入端，以便与输入量进行比较。采用负反馈的目的是要求取得偏差信号。

② 由偏差产生控制作用。系统必须按照偏差的性质（大小、方向）进行正确的控制，故系统中必须具有执行纠偏任务的执行机构。控制系统正是靠放大了的偏差信号来推动执行机构，以便对被控对象进行控制的。因此，无论什么原因引起被控量偏离期望值而出现误差时，相应的偏差信号便随之出现，系统必然产生相应的控制作用，以便纠正偏差。

③ 控制的目的是力图减小或消除偏差，使被控量尽量接近期望值。

4. 自动控制的基本规律

自动控制系统中控制器的输出与输入之间的关系有着一定的控制规律。调节器的基本控制规律主要有双位控制、比例控制、积分控制、微分控制、比例积分控制、比例积分微分控制等。自动调节系统中常采用集成运放构成系统的调节器。

6.2　PID 控制技术

学习目标

- 掌握 P、I、D 控制器的各自原理与特点。
- 了解 PI、PD、PID 控制器的各自原理与工作过程。

PID（Proportional Integral Differential）控制是比例积分微分控制的简称。在生产过程自动控制的发展历程中，PID 控制是历史最久、生命力最强的基本控制方式。在 20 世纪 40 年代以前，除在最简单的情况下可采用开关控制外，它是唯一的控制方式。此后，随着科学技术的发展，特别是电子计算机的诞生和发展，涌现出许多先进的控制方法。直到现在，PID 控制由于它自身的优点仍然是应用最广泛的基本控制方式。PID 控制器根据系统的误差，利用误差的比例、积分、微分 3 个环节的不同组合计算出控制量。图 6-7 是常规 PID 控制系统的原理框图。

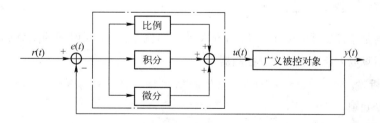

图 6-7　常规 PID 控制系统原理框图

其中，广义被控对象包括调节阀、被控对象和测量变送元件；虚线框内部分是 PID 控制器，其输入为设定值 $r(t)$ 与被调量实测值 $y(t)$ 构成的控制偏差信号 $e(t)$：

$$e(t) = r(t) - y(t)$$

输出为该偏差信号的比例、积分和微分的线性组合，即 PID 控制律。

6.2.1　比例控制器（P 控制器）

1. 单个输入信号的比例控制器

从前面知识可知，自动控制系统是利用负反馈原理构成，即采用偏差信号 ΔU 进行控制，也就是说，偏差信号 ΔU 是产生控制作用的主要信号源。图 6-8 所示为一种运算放大器组成的比例控制器原理图。

由比例控制器是指控制器的输出量 U_0 与输入量（偏差）ΔU 的大小成正比，可得：

$$U_0 = K_p \Delta U$$

其中，K_p 称为控制器的比例系数。

从上式中可知 U_0 与输入信号 ΔU 存在着对应关系。

根据电子学知识可知：

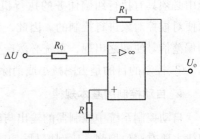

$$U_0 = -R_1/R_0 \Delta U = K_p \Delta U$$

图 6-8　运算放大器组成的比例

即　　　　　　　　　$K_p = -R_1/R_0$

控制器原理图

从负反馈的原理公式可知，U_0 与 ΔU 的极性相反，大小成正比。

2. 比例控制器的特点

由此可见，比例控制器的优点为：一旦偏差 ΔU 出现，控制器的输出 U_0 立即随之变化，响应及时，没有丝毫的时间滞后，说明比例控制具有作用及时、快速、控制作用强的优点。而且 K_p 越大，系统的静差就越小，对提高控制精度有好处，但是要注意，K_p 值过大将会导致瞬态响应过程出现剧烈的振荡，甚至造成系统的不稳定。

从式 $U_0 = -R_1/R_0 \Delta U = K_p \Delta U$ 可以看出，若输入偏差 ΔU 为零，则比例控制器的输出 U_0 亦为零，控制器推动控制作用，系统无法正常运行，因此，在工程设计中，对于高质量的控制系统，一般不单独使用比例控制，而常常将比例控制规律会同其他控制规律一起使用。例如，比例积分（PI）、比例微分（PD）、比例积分微分（PID）等。

注意：无论控制规律如何组合，根据反馈控制系统按偏差进行控制的特点，比例控制必不可少，也就是说，在各控制规律组合中，比例控制是主控制，而其他如积分、微分则为附加控制。

6.2.2　积分控制器（I 控制器）

积分控制器是指控制器的输出量 U_0 与输入量（即偏差）ΔU 对时间的积分成正比。图 6-9 所示为一种由运算放大器组成的积分控制器。

1. 原理分析

根据电子学知识：

$$U_0 = -\frac{1}{R_0 C_1} \int_0^t \Delta U \mathrm{d}t$$

$$K_1 = -\frac{1}{R_0 C_1}$$ 为积分控制器的积分常数。

$$T_I = -R_0 C_1 = \frac{1}{K_I}$$ 为积分控制器的积分常数。

因此，用积分常数或积分时间，可将控制规律表达式表示为：

$$U_0 = K_I \int_0^t \Delta U \mathrm{d}t = \frac{1}{T_I} \int_0^t \Delta U \mathrm{d}t$$

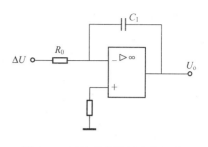

图 6-9　运算放大器组成的积分控制器原理图

2. 积分控制器的特点

从图 6-9 看，当 $t = t_1$ 时，输入偏差 $\Delta U < 0$，由于电容 C_1 两端电压不能突变，C_1 充电，输出电压 U_0 随之正向线性增大（正值）；当 $t = t_2$ 瞬间时，$\Delta U = 0$，但电容 C_1 两端电压都保持 t_2 时的电压不变，形成"无输入，有输出"的状态。

积分控制器的特点：只要输入 ΔU 存在，控制器的输出 U_0 随时间积累越来越大，控制作用越来越强，迫使系统的输出量逐渐趋向期望值，使偏差信号 ΔU 越来越小，直到 $\Delta U = 0$ 为止，最后保持在 $\Delta U = 0$ 的条件下正常运行，也就是说积分控制可以消除系统输出量的误差，能实现无静差控制，这是积分控制的最大优点。但由于积分控制器的 U_0 是随时间积累而逐渐增强，其过程缓慢，在时间上总是落后于偏差信号的变化，故控制过程不及时。因而控制系统不能单独使用积分控制器，而只能作为一种辅助控制手段。

6.2.3　微分控制器（D 控制器）

微分控制器是指输出量 U_0 与输入量（即偏差信号）ΔU 对时间的一阶导数成正比。图 6-10 所示为一种微分控制器。

1. 原理分析

由电子学知识可知：

$$U_0 = -R_1 C_1 \frac{\mathrm{d}\Delta U}{\mathrm{d}t}$$

$T_D = -R_1 C_1$ 为微分控制的微分常数，即

$$U_0 = T_D \frac{\mathrm{d}\Delta U}{\mathrm{d}t}$$

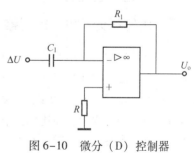

图 6-10　微分（D）控制器

2. 微分控制器的控制特点

假设输入到 PD 控制器的偏差信号 ΔU 呈梯形变化，如图 6-11 所示。

在 $0 \sim t_1$ 期间，ΔU 线性增长，而 U_0 对 ΔU 的变化非常敏感，在 $t = 0$ 瞬间，ΔU 尚未出现，但微分控制器已发出 $T_D \frac{\mathrm{d}\Delta U}{\mathrm{d}t}$ 的控制信号：ΔU 稍有变动，U_0 随之变化，而 ΔU 变化越剧烈，U_0 的变化就越大，在 $t_1 \sim t_2$ 期间，ΔU 保持不变，则输出 $U_0 = 0$。由电子学知识可知：该控制器的输出特性如图 6-12 所示。

可见，微分控制系统中 U_0 的变化比 ΔU 的变化超前，说明 D 控制器能提前行动，能及时采取措施对系统进行控制，起到"未雨绸缪"的效果，也就是说 D 控制器具有"超前性"。同时，由于 U_0 与偏差信号的变化率成正比，当 $\frac{\mathrm{d}\Delta U}{\mathrm{d}t}$ 较大时，意味着 ΔU 下一步将会有较大的变动，由

此可知，D 控制器形成"有输入，无输出"的特点。

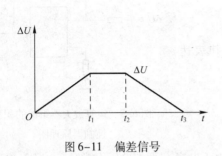

图 6-11　偏差信号

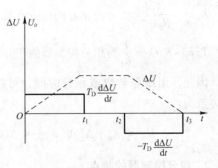

图 6-12　控制信号

D 控制器虽有"预见"信号变化趋势的优点，但也存在放大干扰信号的缺点。因此，在设计控制系统时应给予足够的重视。

6.2.4　P、I、D 控制器的比较

P、I、D 控制器各具优缺点，如表 6-1 所示。

表 6-1　P、I、D 控制器的优缺点

项目　　类别	P 控制器	I 控制器	D 控制器
输入/输出特性	有输入有输出，无输入则无输出	无输入，有输出	有输入，无输出
优点	及时、迅速、控制作用强	能消除系统输出量的稳态误差，实现无静差控制	具有"预见性""超前性"，有助于系统的稳定，能抑制过大的超调量
缺点	比例控制系统必须是存在静差的有差系统	在时间上总是落后于偏差信号的变化，控制过程不及时	ΔU 不发生变化时，控制失效；且存在着放大信号的缺点

6.2.5　比例积分（PI）控制器

在积分控制中，控制器的输出与输入误差信号的积分成正比关系。对一个自动控制系统，如果在进入稳态后存在稳态误差，则称这个控制系统是有稳态误差的或简称有差系统（System with Steady – state Error）。为了消除稳态误差，在控制器中必须引入"积分项"。积分控制虽能消除静差，但控制过程慢。而比例控制速度快，但有静差；两种控制器的优缺点相反。如果将两者合理组合，取长补短，则可获得一种较理想的控制规律。比例积分控制器就是这样形成的。

1. 原理分析

所谓比例积分控制器，是指控制器的输出 U_0 既与输入偏差 ΔU 成正比，又与偏差 ΔU 对时间的积分成正比。PI 控制器是以比例控制为主、积分控制为辅的控制器，其控制规律表达式为：

$$U_0 = K_P \left(\Delta U + \frac{1}{T_I} \int_0^t \Delta U \mathrm{d}t \right)$$

式中，T_I 是比例积分控制器的积分时间，$T_I = K_P / K_I$。

图 6-13 所示为一种有 PI 控制器的原理图及其输入/输出特性。

由于 ΔU 从反相端输入，故电路的输出为：

$$U_0 = -\frac{R_1}{R_0} \Delta U + \frac{1}{R_0 C_1} \int_0^t \Delta U \mathrm{d}t$$

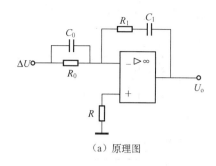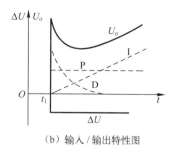

（a）原理图　　　　　　　　　　（b）输入/输出特性图

图 6-13　PI 控制器原理图及其输入/输出特性图

如上述所示，PI 控制器的输出 U_o 实际上是比例和积分两个分量相加而成，只要改变 R_1 和 C_1 的值，就可方便地改变 PI 控制器的积分时间 $T_I = R_1 C_1$，从而取得满意的控制效果。

2. PI 控制器的工作过程

当 $t = t_1$ 时，一个负极性的 ΔU 突加于输入端，由于电容两端电压不能突变，故电容 C_1 相当于短路，此时控制器便是一个具有放大系数 K_P 的比例控制器，其输出量立即产生一个响应输入量的正向突跳，其大小为 $K_P \Delta U$（如图 6-13（b）虚线所示），随之，电容 C_1 补充电，控制器的输出电压 U_o 逐渐升高，PI 控制器的积分控制也发挥作用，输出 U_o 直线上升，控制作用越来越强，迫使系统输出量进一步逼近期望值。当 $t = t_2$ 时，系统输出值完全等于期望值，静差为零，即偏差信号 $\Delta U = 0$，控制器的比例控制分量立即消失，故 U_o 曲线突然下降 $K_P \Delta U$；而积分控制分量则进入了"无输入，但有输出"的状态，该状态下的输出 $U_o = U_{os}$ 是一条水平线，其大小恰好控制系统的输出量使之等于期望值，从而达到了无静差控制的目的。

6.2.6　比例微分（PD）控制器

在微分控制中，控制器的输出与输入误差信号的微分（即误差的变化率）成正比关系。自动控制系统在克服误差的调节过程中可能会出现振荡甚至失稳。其原因是由于存在有较大惯性组件（环节）或有滞后（Delay）组件，具有抑制误差的作用，其变化总是落后于误差的变化。解决的办法是使抑制误差的作用的变化"超前"，即在误差接近零时，抑制误差的作用就应该是零。这就是说，在控制器中仅引入"比例"项往往是不够的，比例项的作用仅是放大误差的幅值，而目前需要增加的是"微分项"，它能预测误差变化的趋势，这样，具有比例＋微分的控制器，就能够提前使抑制误差的控制作用等于零，甚至为负值，从而避免了被控量的严重超调。所以，对有较大惯性或滞后的被控对象，比例微分（PD）控制器能改善系统在调节过程中的动态特性。

1. 原理分析

比例微分（PD）控制器的输出量 U_o 与输入量（即偏差信号 ΔU）成正比，又与输入量对时间的一阶导数成正比。其控制规律表达式为：

$$U_o = \frac{R_1}{R_0} \Delta U + R_1 C_0 \frac{\mathrm{d}\Delta U}{\mathrm{d}t} = K_P \left(\Delta U + T_D \frac{\mathrm{d}\Delta U}{\mathrm{d}t} \right)$$

式中：K_P——例控制放大系数；

$\quad\quad T_D$——微分时间常数。

图 6-14 所示为一种由运算放大器组成的 PD 控制器原理及其输入/输出特性。

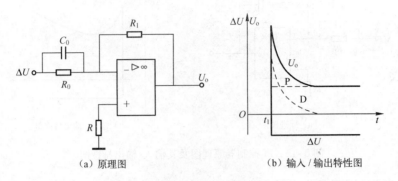

(a) 原理图　　　　　　　　(b) 输入/输出特性图

图 6-14　PD 控制器原理及其输入/输出特性图

如上述所示，PD 控制器的输出 U_o 实际上是比例和微分两个分量相加而成，只要改变 R_1 和 C_0 的值，就可方便地改变 PD 控制器的微分时间 T_D，从而取得满意的控制效果。

2. PD 控制器的工作过程

假设输入到 PD 控制器的偏差信号 ΔU 呈梯形变化，如图 6-15 所示。

在 $t = 0$ 的瞬间，ΔU 虽未出现，但 PD 控制器已发出 $T_D \dfrac{\mathrm{d}\Delta U}{\mathrm{d}t}$ 的控制信号，如图 6-16 所示。这是因为 PD 控制器已预测到 ΔU 将会直线增大而及时采取的措施。在 $t = t_1$ 瞬间，因 ΔU 恒定，其一阶导数为零。控制器的比例控制分量保持着 $U_o = \Delta U$ 的关系。从 $t = t_2$ 开始，PD 控制器又预见到 ΔU 将会直线下降，因而提前发出一个 $-T_D \dfrac{\mathrm{d}\Delta U}{\mathrm{d}t}$ 的制动（减速）信号，以防止过大超调量的出现。

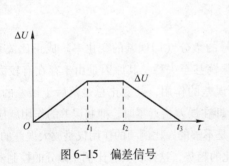

图 6-15　偏差信号

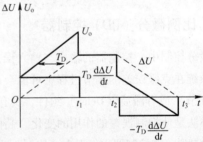

图 6-16　控制信号

微分控制器"预见性""超前性"优点，能反映出偏差的大小及其变化趋势，并能在偏差信号的数值尚未变得太大前，能在系统中引进一个有效的早期修正信号，有助于系统的稳定性，并能抑制过大的超调量。但必须指出，由于纯微分控制作用只是在 ΔU 变化着的瞬态过程中才起效，而在信号 ΔU 不变化或变化极其缓慢的稳态情况下将完全失效（无输出），这就形成了"有输入，无输出"的状态。所以，单纯的微分控制器在任何情况下都不能单独用以控制某对象。通常纯微分控制总是和比例控制组合在一起形成比例微分 PD 控制器。

6.2.7　比例积分微分（PID）控制器

从比例（P）、积分（I）、微分（D）控制器的特点看，若将比例、积分、微分控制结合起来，形成比例积分微分控制（简称 PID 控制），将会得到更完善的控制效果。

1. 原理分析

如前所述，可以得出 PID 控制器的定义为：控制器的输出 U_0 既与偏差信号 ΔU 成正比，又与偏差信号 ΔU 对时间的积分成正比例，还与偏差信号 ΔU 的一阶导数成正比。

PID 控制规律表达式为

$$U_0 = K_P\left(\Delta U + \frac{1}{T_I}\int_0^t \Delta U \mathrm{d}t + T_D\frac{\mathrm{d}\Delta U}{\mathrm{d}t}\right)$$

式中的 K_P、T_I、T_D 的意义前面已述，这里不再详述。

图 6-17 所示为一种由运算放大器组成的 PID 控制器原理图及其输入/输出特性。

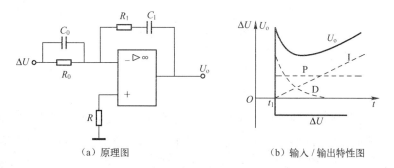

（a）原理图　　　　　　　　（b）输入/输出特性图

图 6-17　PID 控制器原理图及其输入/输出特性图

2. PID 控制器的特点

该电路的输出特性 U_0 为 P、I、D 三个输出信号之和，由于电路的微分不是理想的微分，而是实际的微分，故 $\dot{U}_0$ 的表达式与式 $U_0 = K_P\left(\Delta U + \dfrac{1}{T_I}\int_0^t \Delta U \mathrm{d}t + T_D\dfrac{\mathrm{d}\Delta U}{\mathrm{d}t}\right)$ 略有不同。从其输出曲线可见，从 $t = t_1$ 开始，比例作用（P）就始终存在，它是 PID 控制的基本分量；微分作用（D）在 t_1 的瞬间有很大的输出，具有超前作用，迫使系统强烈调节，然后逐渐消失，进入了"有输入，但无输出"的状态；积分作用则在开始时作用不明显，但随着时间的推移，其作用逐渐增大，呈现出主要控制作用，直至系统静差消失为止。

由于 PID 控制规律全面地综合了比例、积分、微分控制的优点，故 PID 控制器是一种相当完善的控制器。PID 控制不但可以实现控制系统无静差，而且具有比 PI 控制更快的动态响应速度。因而，PID 控制在实际工程中得到了极其广泛的应用。

采用 PID 控制时，人们常提及控制器参数的整定，以便使系统达到最佳控制效果。参数整定的方法较多，其中不少是理论研究的成果，并已在工程实践中予以采用。另外，参数整定的又一方法是经验整定法，其实是一种经验试凑法，是工程技术人员在长期生产实践中总结出来的经验。

6.2.8　应用实例

以 X2010C 型龙门铣床进给控制系统为例，其工作台和铣头的移动进给拖动采用了晶闸直流高速系统。X2010C 龙门铣床进给控制系统框图如图 6-18 所示，其调节电路包括速度调节器和电流调节器两部分。

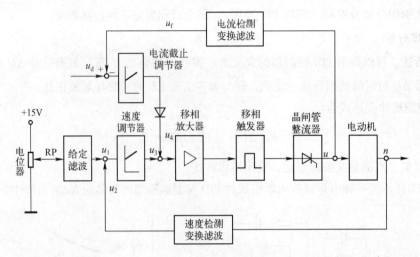

图 6-18　X2010C 龙门铣床进给控制系统框图

1. 速度调节器

速度调节器为一比例积分调节器。给定电压 u_1 与速度反馈电压 u_2 由调节器反相输入，由于调节器具有比例积分作用，因此，只要有输入信号电压，调节就积分不止，直至达到一定的限幅值。当给定某一速度时，调节器即按一定的比例和时间常数关系积分，下一级移相放大器的输入迅速反应，并经下一级的移相等控制过程使电动机运转，待速度反馈电压 u_2 与给定电压 u_1 相等时，调节器积分即停止，维持速度给定的数值。当输出电压 u_3 在一定的电压范围内时，调节器电路继续积分；否则，电路便不能继续积分，因此，输出电压总被限制在一定的电压范围内。

2. 电流调节器

电流调节器的电路形式也为比例积分调节器，与速度调节器基本相同。电流反馈信号 u_f 的数值由电压 u_d 整定，当 $u_f > u_d$ 时，调节器输出正电压 u_4，于是，使系统迅速堵转。此时，调节器只有正输出，没有负输出。

该调节器在系统静态下是不参加工作的，只有在系统启动、制动过程或发生堵转电流时才起调节作用。从而使系统在启动、制动时比较平衡，且在系统过载时得到良好的保护。

6.3　计算机控制技术简介

学习目标

- 掌握计算机控制系统的组成及应用方式。
- 了解工业控制计算机。

6.3.1　计算机控制系统的组成

将模拟式自动控制系统中控制器的功能用计算机来实现，就组成了一个典型的计算机控制系统，如图 6-19 所示。因此，简单地说，计算机控制系统就是采用计算机来实现的工业自动控制系统。

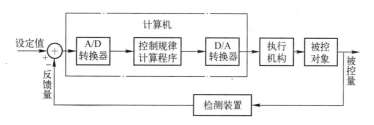

图 6-19　计算机控制系统基本框图

在控制系统中引入计算机，可以充分利用计算机的运算、逻辑判断和记忆等功能完成多种控制任务。在系统中，由于计算机只能处理数字信号，因而给定值和反馈量要先经过 A/D 转换器将其转换为数字量，才能输入计算机。当计算机接收了给定量和反馈量后，依照偏差值，按某种控制规律进行运算（如 PID 运算），计算结果（数字信号）再经过 D/A 转换器，将数字信号转换成模拟控制信号输出到执行机构，便完成了对系统的控制作用。

典型的计算机控制系统结构可用图 6-20 来示意，它可分为硬件和软件两大部分。硬件是指计算机本身及其外围设备，一般包括中央处理器、内存储器、磁盘驱动器、各种接口电路、以 A/D 转换和 D/A 转换为核心的模拟量 I/O 通道、数字量 I/O 通道以及各种显示、记录设备、运行操作台等。

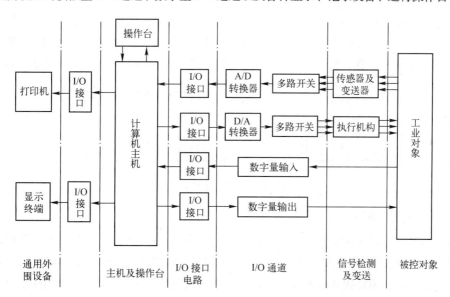

图 6-20　典型计算机控制系统的组成框图

6.3.2　计算机在控制系统中的应用方式

1. 操作指导控制系统

如图 6-21 所示，在操作指导控制系统中，计算机的输出不直接用来控制生产对象。计算机只是对生产过程的参数进行采集，然后根据一定的控制算法计算出供操作人员参考、选择的操作方案和最佳设定值等，操作人员根据计算机的输出信息去改变调节器的设定值，或者根据计算机输出的控制量执行相应的操作。操作指导控制系统的优点是结构简单，控制灵活安全，特别适用于未摸清控制规律的系统，常常被用于计算机控制系统研制的初级阶段，或用于试验新的数学模型和调试新的控制程序等。由于最终需要人工操作，故不适用于快速过程的控制。

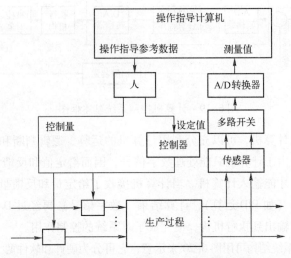

图6-21　计算机操作指导控制系统示意图

2. 直接数字控制系统

直接数字控制（Direct Digital Control，DDC）系统是计算机用于工业过程控制最普遍的一种方式，其结构如图6-22所示。计算机通过输入通道对一个或多个物理量进行巡回检测，并根据规定的控制规律进行运算，然后发出控制信号，通过输出通道直接控制调节阀等执行机构。

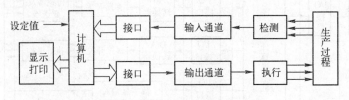

图6-22　直接数字控制系统

3. 监督计算机控制系统

在监督计算机控制（Supervisory Computer Control，SCC）系统中计算机根据工艺参数和过程参量检测值，按照所设计的控制算法进行计算，计算出最佳设定值直接传送给常规模拟调节器或者DCC计算机，最后由模拟调节器或SCC计算机控制生产过程。SCC系统有两种类型：一种是SCC＋模拟调节器；另一种是SCC＋DCC控制系统。监督计算机控制系统构成示意图如图6-23所示。

4. 分级计算机控制系统

生产过程中既存在控制问题，也存在大量的管理问题。同时，设备一般分布在不同的区域，其中各工序、各设备同时并行地工作，基本相互独立，故全系统是比较复杂的。这种系统的特点是功能分散，用多台计算机分别执行不同的控制功能，既能进行控制又能实现管理。图6-24所示为一个四级计算机控制系统。其中，过程控制级为最底层，对生产设备进行直接数字控制；车间管理级负责本车间各设备间的协调管理；工厂管理级负责全厂各车间生产协调，包括安排生产计划、备品备件等；企业（公司）管理级负责总的协调，安排总生产计划，进行企业（公司）经营方向的决策等。

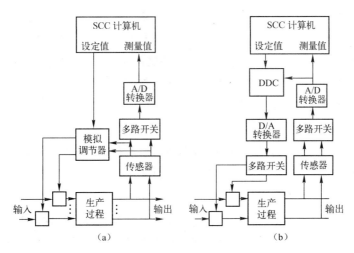

图 6-23　监督计算机控制系统构成示意图

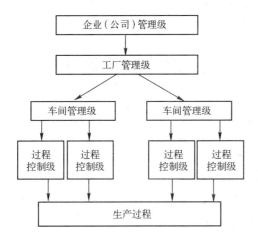

图 6-24　计算机分级控制系统

6.3.3　工业控制计算机

工业控制计算机是用于工业控制现场的计算机，它是处理来自检测传感器的输入信息，并把处理结果输出到执行机构去控制生产过程，同时可对生产进行监督、管理的计算机系统。应用于工业控制的计算机主要有单片微型计算机、可编程序控制器（PLC）、总线工控机等类型。

由于工业控制计算机的应用对象及使用环境的特殊性，决定了工业控制机主要有以下一些特点和要求。

1. 实时性

实时性是指计算机控制系统能在限定的时间内对外来事件做出反应的能力。为满足实时控制要求，通常既要求从信息采集到生产设备受到控制作用的时间尽可能短，又要求系统能实时地监视现场的各种工艺参数，并进行在线修正，对紧急事故能及时处理。因此，工业控制计算机应具有较完善的中断处理系统以及快速信号通道。

2. 高可靠性

工业控制计算机通常控制着工业过程的运行，如果其质量不高，运行时发生故障，又没有相应的冗余措施，则轻者使生产停顿，重者可能产生灾难性的后果。很多生产过程是日夜不停地连续运转，因此要求与这些过程相连的工业控制机也必须无故障地连续运行，实现对生产过程的正确控制。另外，许多用于工业现场的工业控制机，所处环境恶劣，受振动、冲击、噪声、高频辐射及电磁波干扰往往十分严重，因此要求工业控制计算机具有高质量和很强的抗干扰能力，并且具有较长的平均无故障间隔时间。

3. 硬件配置的可装配可扩充性

工业控制计算机的使用场合千差万别，系统性能、容量要求、处理速度等都不一样，特别是与现场相连接的外围设备的接口种类、数量等差别更大，因此宜采用模块化设计方法。

4. 可维护性

工业控制计算机应有很好的可维护性，这要求系统的结构设计合理，便于维修，系统使用的板级产品一致性好，更换模板后，系统的运行状态和精度不受影响；软件和硬件的诊断功能强，在系统出现故障时，能快速准确地定位。另外，模块化模板上的信号应加上隔离措施，保证发生故障时故障不会扩散，这也使故障定位变得容易。

【应用与实操训练】

一、实训目标

① 了解 PID 参数对系统性能的影响。

② 学习凑试法整定 PID 参数。

③ 掌握积分分离法 PID 控制规律。

二、实训内容

实训原理如图 6-25 所示。

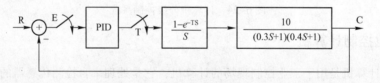

图 6-25　典型的 PID 闭环控制系统方框图

其硬件电路原理及接线如图 6-26 所示。

实训中，采用位置式 PID 算式。在一般的 PID 控制中，当有较大的扰动或大幅度改变给定值时，会有较大的误差，并使系统有惯性和滞后。因此，在积分项的作用下，往往会使系统超调变大、过渡时间变长。为此，采用积分分离法 PID 控制算法，即当误差 $e(k)$ 较大时，取消积分作用；当误差 $e(k)$ 较小时才将积分作用加入。

三、实训器材及工具

PC 一台、TD – ACC + 实验系统一套、i386EX 系统板一块。

四、实训步骤

① 编写程序，检查无误后进行编译、连接。

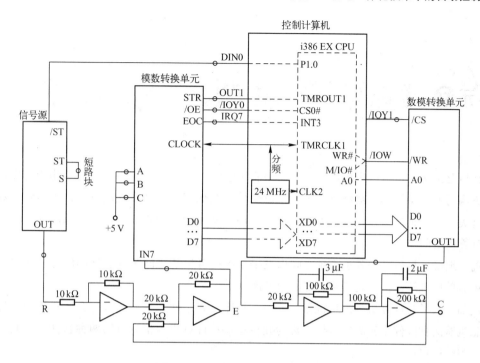

图 6-26　硬件电路原理及接线图

② 按照线路图接线，检查无误后开启设备电源。

③ 调节信号源中的电位器及拨动开关，使信号源输出幅值为 2 V，周期 6 s 的方波。确定系统的采样周期以及积分分离值。

④ 装载程序，将全局变量 T_K（采样周期）、E_I（积分分离值）、K_P（比例系数）、T_I（积分系数）和 T_D（微分系数）加入变量监视，以便过程中观察和修改。

⑤ 运行程序，将积分分离值设为最大 7FH（相当于没有引入积分分离），用示波器分别观测输入端 R 和输出端 C。

⑥ 如果系统性能不满意，用试凑法修改 PID 参数，直到响应曲线满意，并记录响应曲线的超调量和过渡时间。

⑦ 修改积分分离值为 20 H，记录此时响应曲线的超调量和过渡时间，并和未引入积分分离值时的响应曲线进行比较。

⑧ 将⑥和⑦中较满意的响应曲线分别保存，写实训报告。

【复习训练题】

1. 自动控制系统的组成和分类。
2. 分析开环控制系统与闭环控制系统各自的特点。
3. 自动控制系统的性能及基本规律。
4. 简述 PID 控制器的原理与工作过程。
5. 计算机控制系统的组成及应用方式。

接口泛指实体把自己提供给外界的一种抽象化物（可以为另一实体），用以由内部操作分离出外部沟通方法，使其能被修改内部而不影响外界其他实体与其交互的方式，犹如面向对象程序设计提供的多重抽象化。接口可能也提供某种意义上的不同语言的实体之间的翻译，诸如人类与计算机之间。

简单地说，接口就是各子系统之间以及子系统内各模块之间相互连接的硬件及相关协议软件。更简单地理解，接口就是两者之间的连接。

例如：人类与计算机等信息机器、人类与程序两者之间的连接接口称为用户界面；计算机等信息机器两种硬件组件的连接接口称为硬件接口；计算机等信息机器两种软件组件间的连接接口称为软件接口。

接口基本功能主要有 3 个：

1. 变换

两个需要进行信息交换和传输的环节之间，由于信息的模式不同（数字量与模拟量、串行码与并行码、连续脉冲与序列脉冲等），无法直接实现信息或能量的交流，需要通过接口完成信息或能量的统一。

2. 放大

在两个信号强度相差悬殊的环节间，经接口放大，达到能量的匹配和电平的匹配。

3. 传递

传递包括信息传递和运动传递。对于信息传递，变换和放大后的信号在环节间必须能可靠、快速、准确地交换，必须遵循协调一致的时序、信号格式和逻辑规范。接口具有保证信息传递的逻辑控制功能，使信息按规定模式进行传递。运动传递是指运动各组成环节之间的不同类型运动的变换与传输，如位移变换、速度变换、加速度变换及直线运动和旋转运动变换等。运动传递还包括以运动控制为目的的运动优化设计，目的是提高系统的伺服性能。

接口的作用是使各要素或子系统连接成为一个有机整体，使各个功能环节有目的地协调一致运动，从而形成了机电一体化的系统工程。

7.1　机电一体化技术中的接口技术概述

学习目标

- 理解机电一体化系统接口的关系。

● 了解机电一体化系统接口的分类。

机电一体化技术中的接口技术是指机电一体化五大组成部分的相互连接问题，如控制器与检测传感部分、控制器与执行器、检测传感部分与执行器的相互连接。

7.1.1 机电一体化技术中的子系统接口关系

机电一体化系统由机械本体、检测传感部分、控制器、执行器和动力源等五部分组成，各子系统又分别由若干要素构成。若要将各要素、各子系统有机地结合起来，构成一个完整的机电一体化系统，各要素、各子系统之间需要进行物质、能量和信息的传递与交换。为此，各要素和各子系统的连接必须具备一定的联系条件，这个联系条件即为机电一体化技术的接口技术。机电一体化技术的五大组成部分的接口关系如图 7-1 所示。

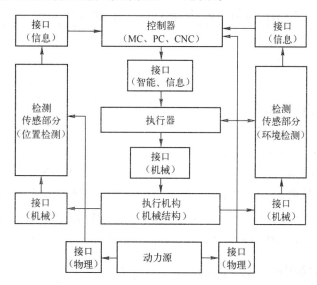

图 7-1 机电一体化技术子系统接口

7.1.2 机电一体化技术中接口分类

根据不同的分类标准，机电一体化技术的接口有多种分类方法。

根据接口的变换和调整功能，接口分为零接口、无源接口、有源接口和智能接口。

根据接口的输入/输出对象，接口分为机械接口、物理接口、信息接口和环境接口等。

根据接口的输入/输出信息类型，接口分为数字接口、开关接口、模拟接口和脉冲接口。

（1）零接口：不进行任何变换和调整、输出即为输入等，仅起连接作用的接口，称为零接口。例如，输送管、接插头、接插座、接线柱、传动轴、导线、电缆等。

（2）无源接口：只用无源要素进行变换、调整的接口，称为无源接口。例如，齿轮减速器、进给丝杠、变压器、可调电阻器以及透镜等。

（3）有源接口：含有有源要素、主动进行匹配的接口，称为有源接口。例如，电磁离合器、放大器、光耦合器、D/A、A/D 转换器以及力矩变换器等。

（4）智能接口：含有微处理器，可进行程序编制或可适应性地改变接口条件的接口，称为智能接口。例如，自动变速装置，通用输入/输出 LSI（8255 等通用 I/O）、GP - IB 总线、STD 总线等。

（5）机械接口：由输入/输出部位的形状、尺寸精度、配合、规格等进行机械连接的接口。例如，联轴节、管接头、法兰盘、万能插口、接线柱、接插头与接插座及音频盒等。

（6）物理接口：受通过接口部位的物质、能量与信息的具体形态和物理条件约束的接口。例如，受电压、频率、电流、电容、传递转矩的大小、气（液）体成分（压力或流量）约束的接口。

（7）信息接口：受规格、标准、法律、语言、符号等逻辑、软件约束的接口。例如，GB、LSO、ASCII 码、RS-232C、FORTRAN、C、C++、VC 等。

（8）环境接口：对周围环境条件（温度、湿度、磁场、火、振动、放射能、水、气、灰尘）有保护作用和隔绝作用的接口。例如，防尘过滤嘴、防水连接器、防爆开关等。

7.2　机电一体化技术中的人机对话接口技术

学习目标

- 了解人机对话接口的类型及特点。
- 理解输入接口。
- 掌握 LED 数码管的结构与显示原理。
- 理解 LCD 显示接口技术。

操作者与控制系统两者之间需要进行信息交流。但两者语言不通，操作者使用人类语言，控制系统使用二进制编码的机器语言。控制系统不能直接理解人类语言，人类也难以理解控制系统的机器语言。因此，人机对话需要翻译——接口电路。

7.2.1　人机对话接口类型及特点

1. 人机对话接口的类型

所谓人机对话接口，是指人与计算机之间建立联系、交换信息的 I/O 设备的接口。它们是计算机应用系统中必不可少的输入/输出设备，是控制系统与操作者之间进行对话、交换信息的窗口。一个安全可靠的控制系统必须具有方便的人机对话功能。

按照信息的传递方向，人机接口可以分为两大类：输入接口与输出接口。

输入接口是信息输入接口。操作者通过输入接口向控制系统输入各种控制命令，干预系统的运行状态，以实现所要求完成的任务。常用的输入设备有：标准键盘、矩阵键盘、开关等。

输出接口是信息输出接口。控制系统通过输出接口向操作者显示系统的各种状态、运行参数及结果等信息。常用的输出设备有：发光二极管显示器、液晶显示器、显像管显示器、状态指示灯、打印机等。

2. 人机对话接口的特点

人机对话接口作为人机之间进行信息传递的通道，具有以下一些特点：

（1）专用性

每种机电一体化产品都有其自身特定的功能，对人机对话接口有着不同的要求，所以在制定人机对话接口的设计方案时，要根据产品的要求而定。例如，对于简单的二值型控制参数，可以考虑采用控制开关；对于少量的数值型参数输入，可以考虑使用 BCD 码拨盘；而当系统要求输入的控制命令和参数比较多时，则应考虑使用矩阵键盘。

（2）低速性

与控制机的工作速度相比，大多数人机对话接口设备的工作速度很低，在进行人机对话接口设计时，要考虑控制机与接口设备间的速度匹配，以提高系统的工作效率。

（3）高性价比

在满足功能要求的前提下，输入/输出设备配置以小型、微型、廉价型为原则。

7.2.2　输入接口

输入接口中最重要的是键盘输入接口，键盘是若干按键的集合，是向系统提供操作人员干预命令及数据的接口设备。

1. 键盘设计时必须解决的问题

键盘是计算机应用系统中一个重要的组成部分，已经通用化、标准化，称作通用键盘。机电一体化技术中除使用通用键盘外，还常使用矩阵键盘，即根据系统需要，设计相应键盘。设计时必须解决下述一些问题。

（1）按键的确认

键盘实际上是一组按键开关的集合，其中每一个按键就是一个开关量输入装置。键的闭合与否，取决于机械弹性开关的通、断状态。反应在电压上就是呈现出高电平或低电平，例如高电平表示断开，低电平表示闭合。所以，通过检测电平状态（高或低），便可确定按键是否已被按下。

在工业过程控制和智能化仪器系统中，为了缩小整个系统的规模，简化硬件线路，常常希望设置最少量的按键，获取更多的操作控制功能。

（2）重键与连击的处理

实际按键操作中，若无意中同时或先后按下两个以上的键，系统确认哪个键操作有效。有时，完全由设计者的意志决定，如视按下时间最长者为有效键，或认为最先按下的键为当前按键，也可以将最后释放的键看成是输入键。不过微型计算机控制系统毕竟资源有限，交互能力不强，通常采用单键按下有效，多键同时按下无效的原则（若系统设有复合键，应另当别论）。

由于操作者按键动作不够熟练，会使一次按键产生多次击键的效果，即重键的情形。为排除重键的影响，编制程序时，可以将键的释放作为按键的结束。等键释放电平后再转去执行相应的功能程序，以防止一次击键多次执行的错误发生的。

（3）按键防抖动技术

多数键盘的按键均采用机械弹性开关。一个电信号通过机械触点的断开、闭合过程，完成高、低电平的切换。由于机械触点的弹性作用，一个按键开关在闭合及断开的瞬间必然伴随有一连串的抖动。如图 7-2 所示，电压抖动时间的长短，与机械特性有关，一般为 5 ～ 10 ms。按钮的稳定闭合期由图 7-2 所示开关通断时的电压抖动操作者的按键动作决定，一般在几百微秒至几秒之间。所以，在

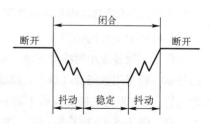

图 7-2　开关通断时的电压抖动

讲行接口设计时需要采取软件或硬件措施进行消抖处理。软件消抖是在检测到开关状态后,延时一段时间再进行检测,若两次检测到的开关状态相同则认为有效。延时时间应大于抖动时间。硬件消抖常采用图7-3所示电路,其中图7-3(a)为双稳态滤波消抖,图7-3(b)为单稳态多谐振荡消抖,图中74121是带有施密特触发器输入端的单稳态多谐振荡器。

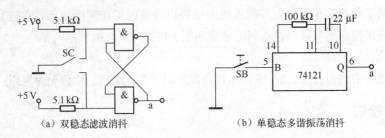

(a)双稳态滤波消抖   (b)单稳态多谐振荡消抖

图7-3 硬件开关去抖电路

2. 矩阵键盘

矩阵键盘是根据控制系统需要自行设计的键盘,电路原理如图7-4所示。4×8阵列键通过8155输入/输出接口芯片,与单片机8031相连接。

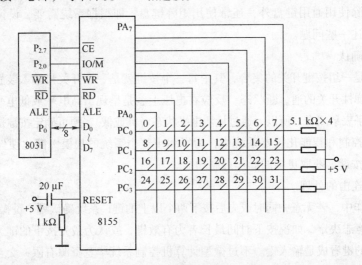

图7-4 矩阵键盘电路原理图

7.2.3 输出接口

输出显示常用数码显示器,有发光二极管的LED和液晶的LCD显示两种。显示方式可以是静态显示和动态显示。

1. LED数码管的结构与显示原理

(1)LED数码管的结构

一些小型设备或小型检测系统一般由单片机组成控制系统。为了降低成本,这些小型系统中的显示一般采用数码管(LED)组成。常见的数码管有7段、8段和16段。图7-5所示为8段数码管。7个发光二极管构成7笔字形"8"。一个发光二极管构成小数点(dp)。图7-5(a)是共阴极,图7-5(b)是共阳极,图7-5(c)是外形图。引脚序号及其所对应的电位和字符如表7-1所示。

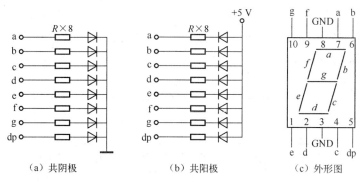

（a）共阴极　　　　　（b）共阳极　　　　　（c）外形图

图 7-5　8 段数码管

表 7-1　引脚序号及其所对应的电位和字符

序　号	显 示 数 据	引 进 排 列	二 进 制 码	十六进制码
1	0	abcdefg	1111110	7E
2	1	abcdefg	0110000	30
3	2	abcdefg	1101101	6D
4	3	abcdefg	1111001	79
5	4	abcdefg	0110011	63
6	5	abcdefg	1011011	5B
7	6	abcdefg	1011111	5F
8	7	abcdefg	1110000	70
9	8	abcdefg	1111111	7F
10	9	abcdefg	1111011	7B
11	A	abcdefg	1110111	77
12	b	abcdefg	0011111	1F
13	C	abcdefg	1001110	4E
14	d	abcdefg	0111101	3D
15	E	abcdefg	1001111	4F
16	F	abcdefg	1000111	47

（2）LED 数码管的显示原理

7 段显示块与单片机接口非常容易。只要将一个 8 位并行输出口与显示块的发光二极管引脚相连即可。8 位并行输出口输出不同的字节数据即可获得不同的数字或字符。通常，将控制发光二极管的 8 位字数据称为段选码。

2. LED 数码管的显示方法

点亮显示器有静态和动态两种方法。所谓静态显示，就是当显示器显示某一个字符时，相应的发光二极管恒定地导通或截止。例如，7 段显示器的 a、b、c、d、e 导通，g 截止，显示 0。这种显示方式每一位都需要一个 8 位输出口控制，3 位显示器的接口逻辑，如图 7-6 所示。图中采用共阴极显示器。静态显示时，较小的电流能得到较高的亮度，所以由 8255 的输出口直接驱动。也可以经过锁存器将其数据锁存，实现静态显示。当显示器位数很少（仅一二位）时，采用静态显示方法是适合的。

当位数较多时，用静态显示所需的 I/O 口太多，一般采用动态显示方法。所谓动态显示就是一位一位地轮流点亮各位显示器（扫描）。对于每一位显示器来说，每隔一段时间点亮一次。

显示器的亮度既与导通电流有关，也和点亮时间与间隔时间的比例有关。调整电流和时间参数，可实现亮度较高较稳定的显示。若显示器的位数不大于 8 位，则控制显示器公共极电位只需一个 8 位并行口（称为扫描口）。

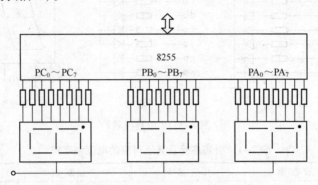

图 7-6 3 位静态显示接口

控制各位显示器所显示的字形也需一个共用的 8 位口（称为段数据口）。8 位共阴极显示器和 8155 的接口逻辑如图 7-7 所示。

8155 的 PA 口作为扫描口，经 BIC8718 驱动器接显示器公共极；PB 口作为段数据口，经驱动后接显示器的 a、b、c、d、e、f、g、dp 各引脚。如 PB$_0$ 输出经驱动后接各显示器的引脚 a，PB$_1$ 输出经驱动后接各显示器的引脚 b，依此类推。

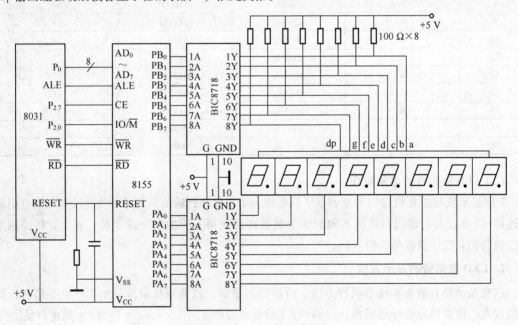

图 7-7 动态显示接口

3. 接口集成电路 8155 芯片、8255A 芯片简介

8155、8255A 芯片常用于输入/输出设备与单片机之间的接口电路。

① 芯片引脚图，如图 7-8 所示。

② 8155 引脚功能：

2048 位静态内存与 I/O 端口和定时器。

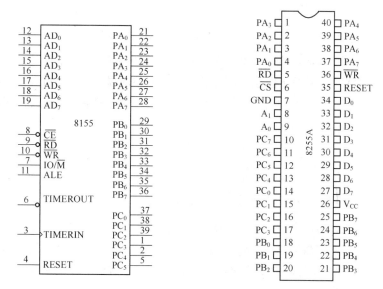

图 7-8　8155、8255A 芯片引脚图

8155 各引脚功能说明如下：

- RESET：复位信号输入端，高电平有效。复位后，3 个 I/O 口均为输入方式。

- $AD_0 \sim AD_7$：三态的地址/数据总线。与单片机的低 8 位地址/数据总线（P_0 口）相连。单片机与 8155 之间的地址、数据、命令与状态信息都是通过这个总线口传送的。

- $\overline{RD}$：读选通信号，控制对 8155 的读操作，低电平有效。

- $\overline{WR}$：写选通信号，控制对 8155 的写操作，低电平有效。

- $\overline{CE}$：片选信号线，低电平有效。

- $IO/\overline{M}$：8155 的 RAM 存储器或 I/O 口选择线。当 $IO/\overline{M} = 0$ 时，则选择 8155 的片内 RAM。

- $AD_0 \sim AD_7$ 上的地址为 8155 中 RAM 单元的地址（00H ～ FFH）；当 $IO/\overline{M} = 1$ 时，选择 8155 的 I/O 口，$AD_0 \sim AD_7$ 上的地址为 8155 I/O 口的地址。

- ALE：地址锁存信号。8155 内部设有地址锁存器，在 ALE 的下降沿将单片机 P_0 口输出的低 8 位地址信息及 I/O 的状态都锁存到 8155 内部锁存器。因此，P_0 口输出的低 8 位地址信号不需外接锁存器。

- $PA_0 \sim PA_7$：8 位通用 I/O 口，其输入/输出的流向可由程序控制。

- $PB_0 \sim PB_7$：8 位通用 I/O 口，功能同 PA 口。

- $PC_0 \sim PC_5$：有两个作用，既可作为通用的 I/O 口，也可作为 PA 口和 PB 口的控制信号线，这些可通过程序控制。

- TIMER IN：定时/计数器脉冲输入端。

- TIMER OUT：定时/计数器输出端。

③ 8255 芯片引脚功能：

- RESET：复位输入线，当该输入端处于高电平时，所有内部寄存器（包括控制寄存器）均被清除，所有 I/O 口均被置成输入方式。

- $PA_0 \sim PA_7$：端口 A 输入/输出线，一个 8 位的数据输出锁存器/缓冲器，一个 8 位的数据输入锁存器。

- $PB_0 \sim PB_7$：端口 B 输入/输出线，一个 8 位的 I/O 锁存器，一个 8 位的输入/输出缓冲器。
- $PC_0 \sim PC_7$：端口 C 输入/输出线，一个 8 位的数据输出锁存器/缓冲器，一个 8 位的数据输入缓冲器。端口 C 可以通过工作方式设定而分成 2 个 4 位的端口，每个 4 位的端口包含一个 4 位的锁存器，分别与端口 A 和端口 B 配合使用，可作为控制信号输出或状态信号输入端口。
- $\overline{CS}$：片选信号线，当这个输入引脚为低电平时，表示芯片被选中，允许 8255 与 CPU 进行通信。
- $\overline{RD}$：读信号线，当这个输入引脚为低电平时，允许 8255 通过数据总线向 CPU 发送数据或状态信息，即 CPU 从 8255 读取信息或数据。
- $\overline{WR}$：写信号线，当这个输入引脚为低电平时，允许 CPU 将数据或控制字写 8255。
- $D_0 \sim D_7$：三态双向数据总线，8255 与 CPU 数据传送的通道，当 CPU 执行输入/输出指令时，通过它实现 8 位数据的读/写操作，控制字和状态信息也通过数据总线传送。
- V_{CC}：$+5\,V$ 电源。

4. LCD 显示接口技术

液晶显示器（Liquid Crystal Display，LCD）广泛应用于微型计算机系统中。与 LED 相比，它具有功耗低、抗干扰能力强、体积小、廉价等特点，目前已广泛应用在各种显示领域。另外，LCD 在大小和形状上更加灵活，接口简单，不但可以显示数字、字符，而且可以显示汉字和图形，因此在袖珍仪表、医疗仪器、分析仪器及低功耗便携式仪器中，LCD 已成为一种占主导地位的显示器件。

近年来，随着液晶技术的发展，出现了彩色液晶显示器。彩色液晶显示器作为当代高新技术的结晶产品，它不但有超薄的显示屏，色彩逼真，而且还具有体积小、耗电省、寿命长、无射线、抗震、防爆等 CRT 所无法比拟的优点。它是工控仪表、机电设备等行业更新换代的理想显示器。以彩色液晶为显示器的笔记本式计算机和工业控制机也将越来越受到人们的青睐。

LCD 是一种借助外界光线照射液晶材料而实现显示的被动显示器件。图 7-9 所示为 LCD 的基本结构。液晶材料被封装在上、下两片导电玻璃电极板之间。由于晶体的四壁效应，使其分子彼此正交，并呈水平方向排列于正（上）、背（下）玻璃电极之上，而其内部的液晶分子呈连续扭转过渡，从而使光的偏振方向产生 90° 旋转。当线性偏振光透过上偏振片及液晶材料后，便会旋转 90°（水平方向），正好与下偏振片的方向取得一致。因此，它能全面穿过下偏振片到达反射板，从而按原路返回，使显示器件呈透明状态。若在其上、下电极加上一定的电压，在电场的作用下，将迫使电极部分的液晶的扭曲结构消失，其旋光作用也随之消失，致使上偏振片接收的偏振光可以直接通过，而被下偏振片吸收（无法到达反射面），呈黑色。当去掉电压后，液晶分子又恢复其扭转结构。据此，可将电极做成各种形状，用以显示各种文字、符号和图形。LCD 因其两极间不允许施加恒定直流电压，而使其驱动电路变得比较复杂。为了得到 LCD 亮、灭所需的两倍幅值及零电压，常给 LCD 的背极通以固定的交变电压，通过控制前极电压值的改变实现对 LCD 显示的控制。液晶显示器的驱动方式一般有两种：直接驱动（或称静态驱动）方式和时分隔（多极）驱动方式。采用直接驱动的 LCD 电路中，显示器件只有一个背极，但每个字符段都有独立的引脚，采用异或门进行驱动，通过对异或门输入端电平的控制，使字符段显示或消隐。

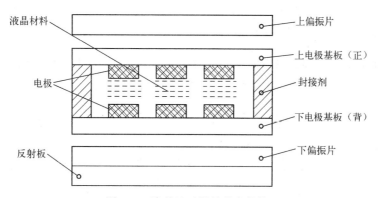

图 7-9　液晶显示器的基本结构

图 7-10 为一位 LCD 数码显示电路及波形图。

由图 7-10（a）可知，当某字段上两个电极（BP 与相应的段电极）的电压相位相同时，两极间的相对电压为 0，该字段不显示。当字段上两电极的电压相位相反时，两电极的相对电压为两倍幅值电压，字段呈黑色显示。其驱动波形如图 7-10（b）所示。

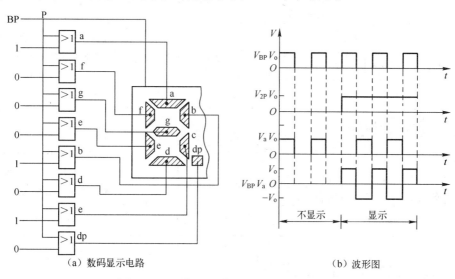

（a）数码显示电路　　　　　　　　（b）波形图

图 7-10　一位 LCD 数码显示电路及波形图

可见，液晶显示的驱动与发光二极管的驱动存在着很大的差异。如前所述，只要在 LED 两端加上恒定的电压，便可控制其亮、暗。但 LCD 必须采用交流驱动方式，以避免液晶材料在直流电压长时间的作用下产生电解，从而缩短其使用寿命。常用的做法是在其公共端（一般为背极）加上频率固定的方波信号，通过控制前极的电压来获得两极间所需的亮、灭电压差。

7.3　机电一体化技术中的传感器与微处理器接口技术

🏅学习目标

- 掌握传感器与微处理器的接口方式。
- 理解模拟量输入接口技术。

7.3.1 传感器与微处理器的接口方式

输入到微机的信息必须是微机能够处理的数字量信息。传感器的输出形式可分为模拟量、数字量和开关量，与此相应的有 3 种基本接口方式，如表 7-2 所示。

表 7-2 传感器接口方式

接 口 方 式	基 本 方 法
模拟量接口方式	传感器输出信号—放大—采样/保持—模拟多路开关—A/D 转换—I/O 接口—微处理器
数字量接口方式	数字型传感器输出数字量—计数器—三态缓冲器—微处理器
开关量接口方式	开关型传感器输出二值信号（1 或 0）—三态缓冲器—微处理器

根据模拟量转换输入的精度、速度与通道等因素有表 7-3 所示的 4 种转换输入方式。在这 4 种方式中，基本的组成元件相同。

表 7-3 模拟量输出传感器接口方式

类型	组成原理方框图	特 点
单通道直接型	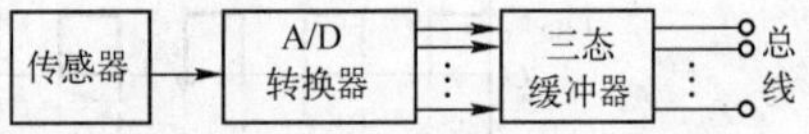	最简单的形式。只用一个 A/D 转换器及缓冲器将模拟量转换为数字量，并输入微处理器。受转换电压幅度的限制，应用范围窄
多通道一般型	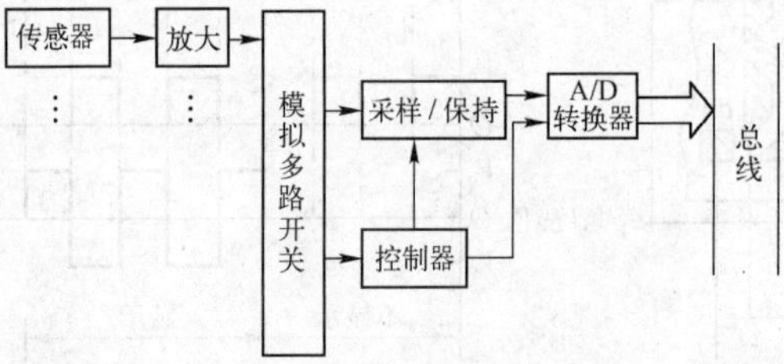	依次对每个模拟通道进行采样/保持和转换，节省元器件，速度低，不能获得同一瞬时各通道的模拟信号
多通道同步型	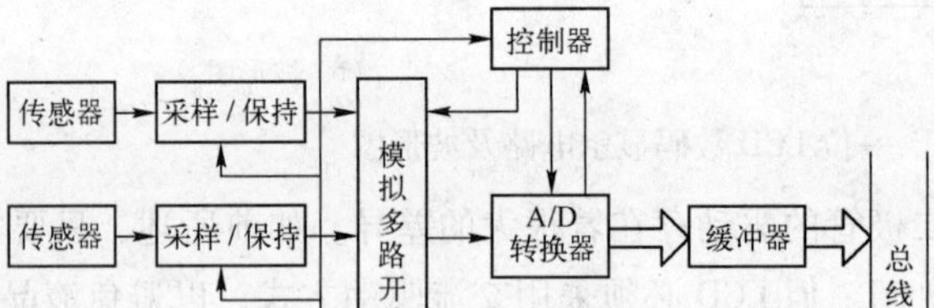	各采样/保持同时动作，可测得在同一瞬时各传感器输出的模拟信号
多通道并行输入型	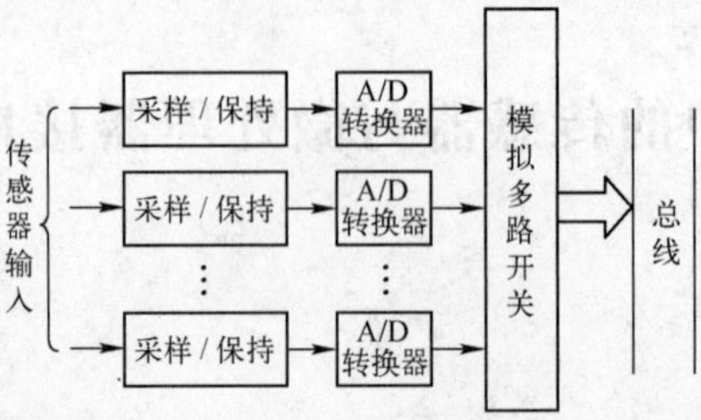	各通道直接进行转换，送入微处理器或信号通道。灵活性大，抗干扰能力强

7.3.2　传感器信号的采样/保持

当传感器将非电物理量转换成电量，并经放大、滤波等一系列处理后，需经 A/D 转换变成数字量，才能送入计算机系统。在对模拟信号进行 A/D 转换时，从启动转换到转换结束的数字量输出，需要一定的时间，即 A/D 转换的孔径时间。当输入信号频率提高时，由于孔径时间的存在，会造成较大的转换误差，要防止这种误差的产生，必须在 A/D 转换开始时将信号电平保持住，而在 A/D 转换结束后又能跟踪输入信号的变化，即对输入信号处于采样状态。能完成这种功能的器件称为采样/保持器，从上面分析也可知，采样/保持器在保持阶段相当于一个"模拟信号存储器"。

在模拟量输出通道，为使输出得到一个平滑的模拟信号，或对多通道进行分时控制时，也常使用采样/保持器。在模拟信号输入通道中，是否需要加采样/保持器，取决于模拟信号的变化频率和 A/D 转换的孔径时间。对快速过程信号，当最大孔径误差超过允许值时，必须在 A/D 转换器前加采样/保持器，如对 10 Hz 信号进行采样，对于 12 位分辨率、孔径误差小于 1/2LSB 时，A/D 转换必须为 2 μs 或更快，因此对这个频率或更高频率信号进行采集，就需加采样/保持器。但如果采集的是缓变信号，并有意识地想利用双积分型的 A/D 转换器滤除高频干扰，此时可不加采样/保持器。总之，是否加采样/保持器，完全取决于使用对象。当然，如果用户设计的是通用型数据采集系统，为满足不同信号的输入，建议在 A/D 转换前加上采样/保持器。

1. 采样/保持原理

采样/保持器的作用：在采样期间，其输出能跟随输入的变化而变化；而在保持状态，能使其输出值保持不变。如图 7-11 所示，在 t_1 时刻前，处于采样状态，此时开关 S 为闭合状态，输出信号 U_o 与输入 U_i 保持同步变化；而在时间 t_1，S 断开，此时处于保持状态，如图 7-12 所示，输出电压恒值保持在 U_{A1} 不变；而在 t_3 时刻，保持结束，新的采样时刻到来，此时相当于 S 重新闭合，U_o 又随 U_i 同步变化，直至时刻 t_3，S 断开，U_o 保持 U_{A3} 的电位不变。

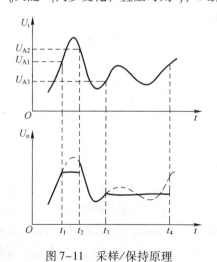

图 7-11　采样/保持原理

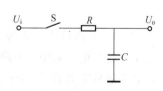

图 7-12　采样/保持原理电路

因此，在启动 A/D 转换时，利用采样/保持器保持住输入信号，从而可避免 A/D 转换孔径时间带来转换误差。在进行多路信号瞬态采集时，可利用多个采样/保持器并联，在同一时刻发出一个保持信号，则能得到某一瞬时各路信号的瞬态值，然后再分时对各路保持信号进行转换，得到所需的值。

图 7-12 所示为最简单的采样/保持原理电路，当 S 闭合时，输出信号跟踪输入信号，称为采样阶段；当 S 断开时，电容 C 的两端一直保持断开的电压，称为保持阶段，由此构成一个简单的采样/保持器。实际上为使采样/保持器具有足够的精度，一般在输入级和输出级均采用缓冲器，以减少信号源的输出阻抗，增加负载的输入阻抗。在选择电容时，应使其大小适宜，以保证其时间常数适中，并选用漏电流小的电容。

由上述分析可知，电容对采样保持的精度有很大影响，如果电容值过大，则其时间常数大，当信号变化频率高时电容充放电时间大，将会影响输出信号对输入信号的跟随特性，而且在采样的瞬间电容两端的电压会与输入信号电压有一定的误差；而当处于保持状态时，如果电容的漏电流太大，负载的内阻太小，都会引起保持信号电平的变化。

2. 集成采样/保持器

随着大规模集成电路技术的发展，目前已生产出多种集成采样/保持器，如可用于一般目的的 AD582、AD583、LF198 系列等；用于高速场合的 HTs—0025、HTs—0010、HTc—0300 等。为了使用方便，有些采样/保持器的内部还设置保持电容，如 AD389、AD585 等。

集成采样/保持器的特点如下：

① 采样速度快、精度高，一般在 $2 \sim 2.5\ \mu s$，即达到 $\pm 0.01\% \sim \pm 0.003\%$ 精度；

② 下降速率慢，如 AD585，AD348 为 $0.5\ mV/ms$，AD389 为 $0.1\ \mu V/ms$。

正因为集成采样/保持器有许多优点，所以得到了极为广泛的应用，下面以 LF398 为例，介绍集成采样/保持器的原理，如图 7-13 所示。

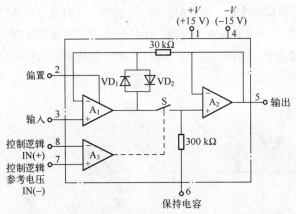

图 7-13 LF398 原理图

从图 7-13 可知，其内部由输入缓冲级、输出驱动级和控制电路三部分组成。控制电路中 A_3 主要起到比较器的作用，其中 7 引脚为参考电压，当输入控制逻辑电平高于参考端电压时，A_3 输出一个低电平信号驱动开关 S 闭合，此时输入经 A_1 后跟随输出到 A_2，再由 A_2 的输出端跟随输出，同时向保持电容（接 6 端）充电；而当控制端逻辑电平低于参考端电压时，A_3 输出一个正电平信号使开关 S 断开，以达到非采样时间内保持器仍保持原来输入的信号。因此，A_1、A_2 是跟随器，其作用主要是对保持电容输入和输出端进行阻抗变换，以提高采样/保持器的性能。

与 LF398 结构相同的还有 LFl98、LF298 等，它们都是由场效应晶体管构成，具有采样速度高、保持电压下降慢以及精度高等特点。

图 7-14 为其引脚图，图 7-15 为其典型应用图。在有些情况下，还可采取二级采样保持串联的方法，根据选用不同的保持电容，使前一级具有较高的采样速度，而后一级保持电压下降速率慢，两级结合构成一个采样速度快而下降速度慢的高精度采样保持电路，此时的采样总时间为两个采样保持电路时间之和。

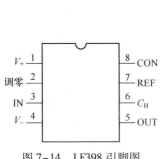

图 7-14　LF398 引脚图　　　　　图 7-15　LF398 应用图

7.3.3　多通道模拟信号输入

在用单片机进行测量和控制中，经常需要有多路和多参数的采集和控制，如果每一路都单独采用各自的输入回路，即每一路都采用放大、采样/保持、A/D 转换等环节，不仅成本比单路成倍增加，而且会导致系统体积庞大，且由于模拟器件、阻容元件参数特性不一致，给系统的校准带来很大困难，并且对于多路巡检，如 128 路信号采集情况，每路单独采用一个回路几乎是不可能的，因此，除特殊情况下采用多路独立的放大、A/D 转换和 D/A 转换外，通常采用公共的采样/保持及 A/D 转换电路（有时甚至可将某些放大电路共用），而要实现这种设计，往往采用多路模拟开关。

1. 多路开关

多路开关的作用主要是用于信号切换，如在某一时刻接通某一路，让该路信号输入而让其他路断开，从而达到信号切换的目的。在多路开关选择时，常要考虑下列参数：

① 通道数量：对切换开关传输被测信号的精度和切换速度有直接的影响，因为通道数量越多，寄生电容和漏电流通常也越大，尤其是在使用集成模拟开关时，尽管只有其中一路导通，但其他模拟开关仅处于高阻状态，而非真正切断，因此仍存在漏电流，对导通的一路产生影响。通道越多，漏电流越大，通道间的干扰也越多。

② 漏电流：如果信号源内阻很大，传输的是个电流量，此时就更要考虑多路开关的漏电流，一般希望漏电流越小越好。

③ 切换速度：对于需传输快速信号的场合，就要求多路开关的切换速度高，当然也要考虑后一段采样/保持和 A/D 转换的速度，从而以最优的性价比来选取多路开关的切换速度。

④ 开关电阻：理想状态的多路开关其导通电阻为零，断开电阻为无穷大，而实际的模拟开关无法达到这个要求，因此需考虑其开关电阻，尤其当与开关串联的负载为低阻抗时，应选择导通电阻足够低的多路开关。

2. 集成多路模拟开关

集成多路模拟开关是指在一个芯片上包含多路开关的集成开关。随着半导体技术的发展，目前已研制出各种类型的模拟开关，其中采用 CMOS 工艺的集成模拟多路开关应用最为广泛。尽管各种模拟开关种类很多，但其功能基本相同，只是通道数、开关电阻、漏电流、输入电压及方向切换等性能参数有所不同。

一般来讲，CMOS 模拟开关的导通电阻、切换速度与其电源电压有关，在允许范围内，电源电压越高，其导通电阻越小，切换速度也越快，但相应的控制电平也应提高，而这又可能对控制产生不便。因此，在设计时，可参考不同电源电压下的电阻情况，再选择适当的电源电压。

由于模拟开关在接通时，有一定的导通电阻，在某些情况下，可能会对信号的传递精度带来较大的影响。作为一种补救，一般应尽可能使负载阻抗大一些，必要时可在负载前加缓冲器。

另外，为了防止两个通道在切换瞬时同时导通的情况，往往在某一通道断开到后一通道闭合之间加一延时，当然，这会影响模拟开关的切换速度。

多路模拟开关主要有 4 选 1、8 选 1、双 4 选 1、双 8 选 1 和 16 选 1 五种，它们之间除通道和外部引脚排列有些不同外，其电路结构、电源组成及工作原理基本相同。

（1）单端 8 通道

AD7501 是单片集成的 CMOS 8 选 1 多路模拟开关，每次只选中 8 个输入端中的 1 路与公共端接通，选通通道是根据输入地址编码而得，所有数字量输入均可用 TTL/DTL 或 CMOS 电平。图 7-16 所示为 AD7501 的引脚图和原理图。

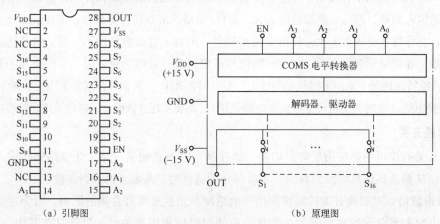

（a）引脚图   （b）原理图

图 7-16   AD7501 的引脚图和原理图

（2）单端 16 通道

AD7506 为单端 16 选 1 多路模拟开关，图 7-17 所示为 AD7506 的引脚图和原理图。

（3）差动 4 通道

AD7502 是差动 4 通道多路模拟开关，其主要特性参数与 AD7501 基本相同，但在同选通地址情况下有两路同时选通，共有 2 个输出端，8 个输入端，EN 高电平时多路模拟开关工作。图 7-18 所示为 AD7502 的引脚图和原理图。

（4）差动 8 通道

AD7507 是差动 8 通道多路模拟开关，在同选通地址情况下有两路同时选通，共有 2 个输出端，16 个输入端，EN 高电平时多路模拟开关工作。图 7-19 所示为 AD7507 的引脚图和原理图。

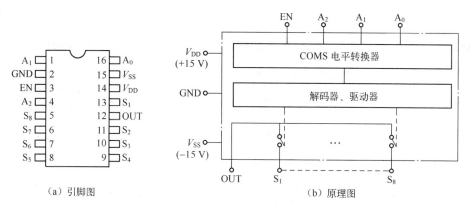

图 7-17　AD7506 的引脚图和原理图

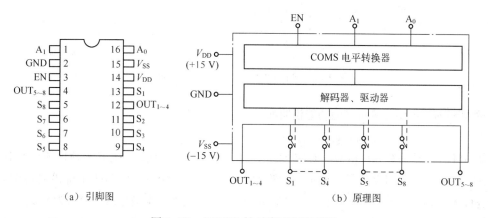

图 7-18　AD7502 的引脚图和原理图

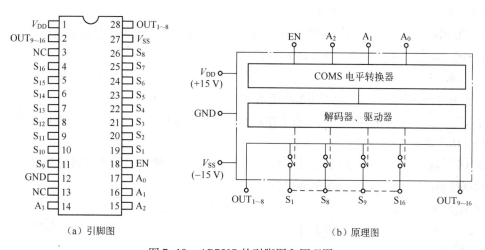

图 7-19　AD7507 的引脚图和原理图

7.3.4　A/D 转换

A/D 转换是从模拟量到数字量的转换，它是信息采集系统中模拟放大电路和 CPU 的接口。A/D 转换芯片种类较多，主要有逐次比较式、双积分式、量化反馈式和并行式。下面介绍 ADC0809 转换器。

1. ADC0809 引脚图

ADC0809 芯片有 28 个引脚，采用双列直插式封装，其引脚图及通道地址码如图 7-20 所示。

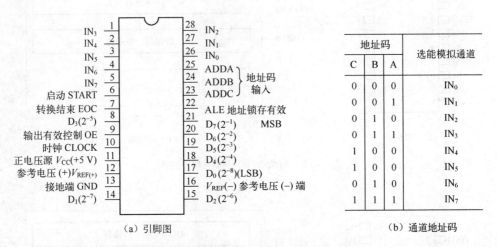

地址码			选能模拟通道
C	B	A	
0	0	0	IN_0
0	0	1	IN_1
0	1	0	IN_2
0	1	1	IN_3
1	0	0	IN_4
1	0	1	IN_5
0	1	0	IN_6
1	1	1	IN_7

（a）引脚图　　　　　　　　　　　　　　（b）通道地址码

图 7-20　ADC0809 引脚图及通道地址码

对 ADC0809 主要信号引脚的功能说明如下：

① $IN_7 \sim IN_0$：模拟量输入通道。

② ALE：地址锁存允许信号。对应 ALE 上升沿，A、B、C 地址状态送入地址锁存器中。

③ START：转换启动信号。START 上升沿时，复位 ADC0809；START 下降沿时启动芯片，开始进行 A/D 转换；在 A/D 转换期间，START 应保持低电平。本信号有时简写为 ST。

④ A、B、C：地址线。通道端口选择线，A 为低地址，C 为高地址，引脚图中为 ADDA、ADDB 和 ADDC。其地址状态与通道对应关系见。

⑤ CLOCK：时钟信号。ADC0809 的内部没有时钟电路，所需时钟信号由外界提供，因此有时钟信号引脚。通常使用频率为 500 kHz 的时钟信号。

⑥ EOC：转换结束信号。EOC = 0，正在进行转换；EOC = 1，转换结束。使用中该状态信号即可作为查询的状态标志，也可作为中断请求信号使用。

⑦ D7 ~ D0：数据输出线。为三态缓冲输出形式，可以和单片机的数据线直接相连。D_0 为最低位，D_7 为最高位。

⑧ OE：输出允许信号。用于控制三态输出锁存器向单片机输出转换得到的数据。OE = 0，输出数据线呈高阻；OE = 1，输出转换得到的数据。

⑨ V_{CC}：+5 V 电源。

V_{REF}：参考电源参考电压，用来与输入的模拟信号进行比较，作为逐次逼近的基准。其典型值为 +5 V$[V_{REF}(+) = +5 V, V_{REF}(-) = -5 V]$。

2. ADC0809 内部结构方框图

图 7-21 为 ADC0809 内部结构框图。主要由两大部分组成：一部分为输入通道，包括 8 路模拟开关，3 条地址线的锁存器与译码器，可以实现 8 路模拟通道的选择；另一部分为一个逐次逼近型 A/D 转换器。

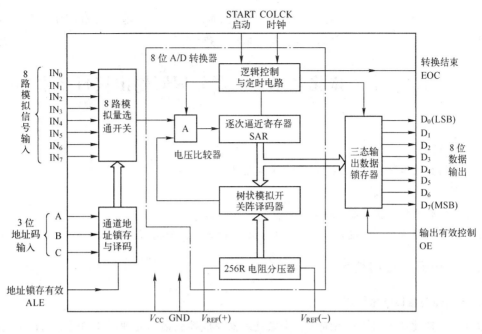

图 7-21　ADC0809 内部结构框图

3. ADC0809 与单片机接口

图 7-22 为 ADC0809 与 8031 的接口电路，从图中可以看出，ADC0809 的启动信号 START 由片选线 P2.7 与写信号 $\overline{WR}$ 的或非产生，这要求一条向 ADC0809 的操作指令来启动转换。ALE 与 START 相连，即按输入的通道地址接通模拟量并启动转换。输出允许信号 OE 由读信号 $\overline{RD}$ 与片选线 P2.7 的或非产生，即一条 ADC0809 的读操作使数据输出。

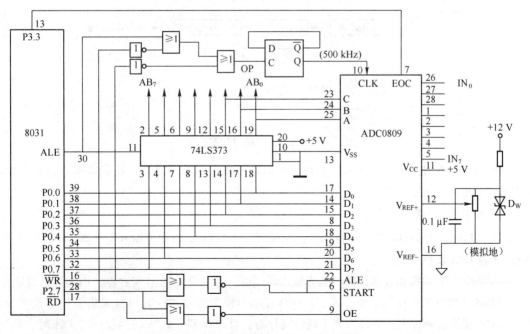

图 7-22　ADC0809 与 8031 接口电路

按照图 7-22 中的片选线接法，ADC0809 的模拟通道 $D_0 \sim D_7$ 的地址为 7FF8H ～ 7FFFH，输入电压 $V_{IN} = D \times V_{REF}/255 = 5D/255$，其中 D 为采集的数据字节。

7.4 机电一体化技术中的微处理器输出接口技术

学习目标

- 掌握输出通道接口技术框图与输出接口电路。
- 理解开关量输出接口。
- 了解执行元件的功率驱动接口。

机电一体化技术中的微处理器与被控对象之间的连接，使用输出接口技术。

7.4.1 输出通道接口技术

1. 输出通道接口技术框图

在机电一体化产品的控制系统中，当微处理器完成控制运算处理后，通过输出通道向被控对象输出控制信号。计算机输出的控制信号主要有 3 种形态：数字量、开关量和频率量，它们分别用于不同的被控制对象，如图 7-23 所示。

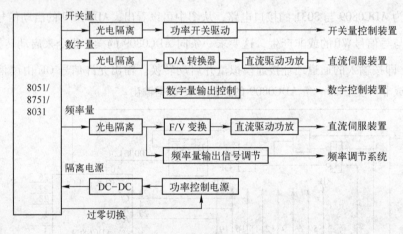

图 7-23 输出通道接口技术框图

被控对象接收的控制信号除上述 3 种直接由计算机产生的信号外，还有模拟量控制信号，该信号需通过 D/A 转换产生。

2. DAC0832 的结构和引脚

图 7-24（a）是 DAC0832 的逻辑结构与引脚图，DAC0832 由 8 位输入寄存器、8 位 DAC 寄存器、8 位 D/A 转换器构成。

DAC0832 中有两级锁存器：第一级为输入寄存器，第二级为 DAC 寄存器。因为有两级锁存器，DAC0832 可以工作在双缓冲方式下，这样在输出模拟信号的同时可以采集下一个数字量，可以有效地提高转换速度。另外，有了两级锁存器，可以在多个 D/A 转换器同时工作时，利用第二级锁存信号实现多路 D/A 的同时输出。

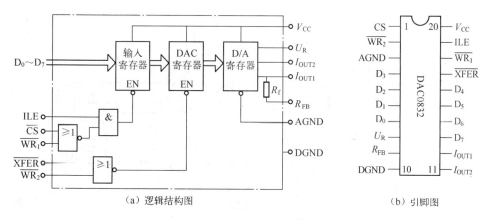

（a）逻辑结构图　　　　　　　　　　　　　　（b）引脚图

图 7-24　DAC0832 逻辑结构与引脚图

DAC0832 既可以工作在双缓冲方式，也可以工作在单缓冲方式，无论哪种方式，只要数据进入 DAC 寄存器，便可启动 D/A 转换。

DAC0832 引脚：

① $D_0 \sim D_7$：数字信号输入端。

② ILE：输入寄存器允许，高电平有效。

③ $\overline{CS}$：片选信号，低电平有效。

④ $\overline{WR_1}$：写信号 1，低电平有效。

⑤ $\overline{XFER}$：传送控制信号，低电平有效。

⑥ $\overline{WR_2}$：写信号 2，低电平有效。

⑦ I_{OUT1}、I_{OUT2}：DAC 电流输出端。

⑧ R_{FB}：集成在片内的外接运放的反馈电阻。

⑨ V_{CC}：源电压（+5 ～ +15 V）。

⑩ AGND：模拟地。

⑪ NGND 数字地，可与 AGND 接在一起使用。

3. 微处理器 8031 与 DAC0832 接口电路实例

DAC0832 带有数据输入寄存器，是总线兼容型的，使用时可以将 D/A 芯片直接和数据总线相连，作为一个扩展的 I/O 口。

设 DAC0832 工作于双缓冲方式，输入寄存器的锁存信号和 DAC 寄存器的锁存信号分开控制，这种方式适用于几个模拟量需同时输出的系统，每一路模拟量输出需一个 DAC0832，构成多个 0832 同步输出系统。图 7-25 即为二路模拟量同步输出的 DAC0832 系统。DAC0832 的输出分别接图形显示器的 XY 偏转放大器输入端。图中两片 DAC0832 的输入寄存器各占一个单元地址，而两个 DAC 寄存器占用同一单元地址。实现两片 DAC0832 的 DAC 寄存器占用同一单元地址的方法是：把两个传送允许信号相连后接同一线选端。转换操作时，先把两路待转换数据分别写人两个 DAC0832 的输入寄存器，之后再将数据同时传送到两个 DAC 寄存器，传送的同时启动两路 D/A 转换。这样，两个 DAC0832 同时输出模拟电压转换值。两片 DAC0832 的输入寄存器地址分别为 8FFFH 和 A7FFH，两个芯片的 DAC 寄存器地址都为 2FFFH。

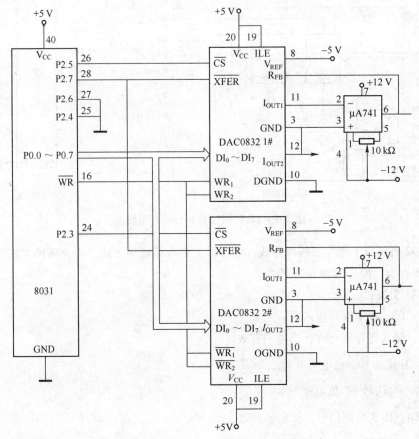

图 7-25　DAC0832 与 8031 接口电路

7.4.2　开关量输出接口

在机电一体化控制系统中，对被控设备的驱动常采用模拟量输出驱动和数字量（开关量）输出驱动两种形式，其中模拟量输出是指其输出信号幅度（电压，电流）可变；开关量输出则是利用控制设备处于"开"或"关"状态的时间来实现控制目的。

以前的控制方法常采用模拟量输出的方法，由于其输出受模拟器件的漂移等影响，很难达到较高的控制精度。随着电子技术的迅速发展，特别是计算机进入控制领域后，数字量输出控制已越来越广泛地被应用。由于采用数字电路和计算机技术，对时间控制可以达到很高精度，因此在许多场合，开关量输出控制精度比一般的模拟输出控制高，而且，利用开关量输出控制往往无须改动硬件，而只需改变程序就可用于不同的控制场合，如在 DDC（Direct Digital Control）直接数字控制系统中，利用微机代替模拟调节器，实现多路 PID 调节，只需在软件中每一路使用不同的参数运算输出即可。

由于开关量输出控制的上述特点，目前，除某些特殊场合外，这种方法已逐渐取代了传统的模拟量输出的控制方式。

微机控制系统的开关信号往往是通过芯片给出的低压直流信号，如 TTL 电平信号，这种电平信号一般不能直接驱动外设，而需经接口转换等手段处理后才能用于驱动设备开启或关闭。许多外设，如大功率交流接触器、制冷机等在开关过程中会产生强的电磁干扰信号，如不加隔离可能会串到测控系统中造成系统误动作或损坏，因此在接口处理中应包括隔离技术。下面针对上述问题，讨论开关量输出接口处理。

1. 输出接口隔离

在开关量输出通道中，为防止现场强电磁干扰或工频电压通过输出通道反串到测控系统，一般需采用通道隔离技术；在输出通道的隔离中，最常用的是光电隔离技术，因为光信号的传送不受电场、磁场的干扰，可以有效地隔离电信号。

用于输出通道隔离的光电隔离器（通常称为光耦合器）根据其输出级不同可分为晶体管型、单向晶闸管型、双向晶闸管型等几种，但从其隔离方法这一角度来看，都是一样的，即都通过"电—光—电"这种转换，利用"光"这一环节完成隔离功能。光耦合器把发光元件与受光元件封装在一起，以光作为媒介来传输信息的。其封装形式有管形、双列直插式、光导纤维连接等，发光器件一般为砷化钾红外发光二极管。

图 7-26 所示为晶体管输出型光电隔离器原理图。当发光二极管中通过一定值的电流时发出一定的光被光电晶体管接收，使其导通，而当该电流撤去时，发光二极管熄灭，晶体管截止，利用这一特性即可达到开关控制的目的。

图 7-27 所示为光电耦合器的接口电路，图中的 VT_1 是大功率晶体管，W 是步进电动机、接触器等的线圈，VD_2 是续流二极管。若无二极管 VD_2，当 VT_1 由导通到截止时，由换路定则可知，电感 W 的电流不能突然变为 0，它将强迫通过晶体管 VT_1。由于 VT_1 处于截止状态，在 VT_1 两端产生非常大的电压，有可能击穿晶体管。若有续流二极管 VD_2，则为 W 的电流提供了通路，电流不会强迫流过晶体管，从而保护了晶体管。

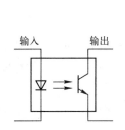

图 7-26　晶体管输出型光电隔离器

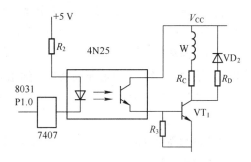

图 7-27　光电隔离接口电路

不同的光电隔离器，其特性参数也有所不同，主要区别如下：

（1）导通电流和截止电流

对于开关量输出的场合，光电隔离主要用其非线性输出特性。当发光二极管两端通以一定的电流 I_r 时，光隔离器输出端处于导通状态；而当流过发光二极管的电流小于某一电流值时，光隔离器的输出端截止。不同的光隔离器通常有不同的导通电流，这也决定了需采取驱动的方式，一般典型的导通电流值 $I_r = 10$ mA。

（2）频率响应

由于发光二极管和光电晶体管响应时间的不同，开关信号传输速度和频率会受光隔离器频率特性的影响，因此，在高频信号传输中要考虑其频率特性。在开关量输出通道中，输出开关信号频率一般较低，不会因光电隔离器的频率特性而受影响。

（3）输出端工作电流

当光电隔离器处于导通状态时，流过光电晶体管的电流若超过某个额定值，就可能使输出端击穿而导致光隔离的损坏，这个参数对输出接口设计极为重要，因为其工作电流值表示了该光电隔离器的驱动能力。一般来讲，这个电流值在 mA 量级，即使使用达林管输出型，也不能直接驱动大型外设。因此，从光隔离器的输出端到外设之间通常还需要加若干级驱动电路。

（4）输出端暗电流

指当光电开关处于截止状态时，流经开关的电流。对光电隔离器来讲，此值应越小越好。为了防止由此引起输出端误触发，在设计接口电路时，应考虑该电流对输出驱动电路的影响。

（5）输入/输出压降

分别指发光二极管和光电晶体管导通时两端的压降，在设计接口电路时，也需注意这种压降造成的影响。

（6）隔离电压：这是光电隔离器的一个重要参数，它表示了该光电隔离器对电压的隔离能力。

利用光电隔离器实现输出端的通道隔离时，还需注意：被隔离的通道两侧必须单独使用各自的电源，即用于驱动发光二极管的电源与驱动光电晶体管的电源不应是共地的电源。对于隔离后的输出通道必须单独供电，如果使用同一电源，外部干扰信号可能通过电源串到系统中。如图 7-28 所示，这样的结构就失去了隔离的意义。

当然，这里所讲的单独供电，可以是单独使用不同的电源，也可用 DC – DC 变换的方法为输出端提供一个与光电隔离器输入端隔离的电源。

光电隔离器具有如下特点：

① 信号采取光 – 电形式耦合，发光部分与受光部分无电气回路，绝缘电阻高达 $10^{10} \sim 10^{12}\ \Omega$，绝缘电压为 1 000 ~ 5 000 V，因而具有极高的电气隔离性能，避免输出端与输入端之间可能产生的反馈和干扰。

② 由于发光二极管是电流驱动器件，动态电阻很小，对系统内外的噪声干扰信号形成低阻抗旁路，因此抗干扰能力强，共模抑制比高，不受磁场影响，特别是用于长线传输时作为终端负载，可以大大提高信噪比。

③ 光电隔离器可以耦合零到数千赫的信号，且响应速度快（一般为几毫秒，甚至少于 10 ns），可用于高速信号的传输。

光电隔离器的驱动可直接用门电路去驱动，由于一般的门电路驱动能力有限，常用集电集开路的门电路如 7406、7407 等去驱动光电隔离器。如图 7-29 所示，当输出 TTL 电平为低电平时 7407 输出高电平，发光二极管截止，光电隔离器处于截止状态，V_0 输出高电平；而当输出控制电平为高电平时，7407 输出低电平，发光二极管导通，光电隔离器处于导通状态，V_0 输出低电平。

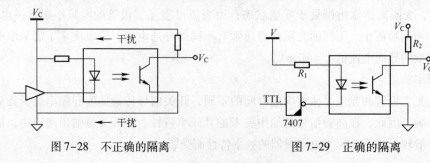

图 7-28　不正确的隔离　　　　　图 7-29　正确的隔离

由上述分析可知，如果从其通断功能来看，光电隔离器其实是一隔离开关，利用光电隔离器也可完成电平转换，其转换后的输出电平与其供电电压值有关，而与输入端无关。

2. 低压开关量信号输出

低压情况下开关量控制输出如图 7-30 所示。可采用晶体管、OC 门（集电极开路门）或运放等方式输出，如驱动低压电磁阀、指示灯、直流电动机等。需注意的是，在使用 OC 门时，由于其为集电极开路输出，在其输出为"高"电平状态时，实质只是一种高阻状态，必须外接上拉电阻，此时的输出驱动电流主要由 V_C 提供，只能直流驱动，并且 OC 门的驱动电流一般不大，在几十毫安量级，如果被驱动设备所需驱动电流较大，则可采用晶体管输出方式，如图 7-31 所示。

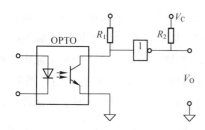

图 7-30　低压开关量输出

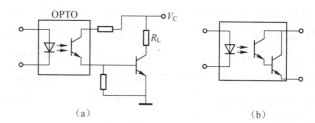

图 7-31　晶体管输出驱动

3. 继电器输出接口

继电器方式的开关量输出，是目前最常用的一种输出方式，一般在驱动大型设备时，往往利用继电器作为测控系统输出到输出驱动级之间的第一级执行机构，通过第一级继电口输出，可完成从低压直流到高压交流的过渡。如图 7-32 所示，在经光隔离器后，直流部分给继电器供电，而其输出部分则可直接与 220 V 交流电相接。

继电器输出也可用于低压场合，与晶体管等低压输出驱动器相比，继电器输出时输入端与输出端有一定的隔离功能，但由于采用电磁吸合方式，在开关瞬间，触点容易产生火花从而引起干扰。对于交流高压等场合使用时，触点容易氧化。由于继电器的驱动线圈有一定的电感，在关断瞬间可能会产生较大的电压，因此在继电器的驱动电路上常常反接一个保护二极管用于反向放电。

不同的继电器，允许驱动电流也不一样，在设计电路时可适当加一限流电阻，如图 7-32 所示的电阻。当然，在该图中是用达林输出的光电隔离器直接驱动继电器，而在某些需较大驱动电流的场合，则可在光隔离器与继电器之间再接一级晶体管以增加驱动电流。

4. 晶闸管输出接口

晶闸管是一种大功率半导体器件，可分为单向晶闸管和双向晶闸管，在微机控制系统中，可作为大功率驱动器件，具有可用较小功率控制大功率、开关无触点等特点，在交直流电动机调速系统、调功系统、随动系统中有着广泛的应用。

由于双向晶闸管具有双向导通功能，能在交流、大电流场合使用，且开关无触点，因此在工业控制领域有着极为广泛的应用，下面介绍这种器件的接口方法。

图 7-33 所示为一双向晶闸管温度控制器电路，从 S 端输入变换后的电压信号，利用比较器的输出端翻转来控制双向晶闸管的导通，从而达到温度控制的目的。

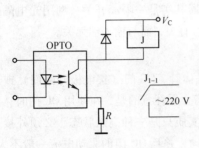

图 7-32　继电器输出接口

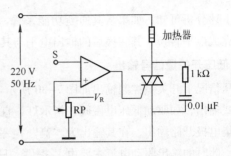

图 7-33　双向晶闸管温度控制电路

由于双向晶闸管的广泛应用，与之配套的光电隔离器也已有产品，这种器件一般称为双向晶闸管输出型光电隔离器，如图 7-34 所示。它与一般的光电隔离器不同，其输出部分是硅光电双向晶闸管，一般还带有过零触发检测器（图 7-34 中的 A），以保证在电压接近零时触发晶闸管。常用的有 MOC3000 系列等，运用于不同负载电压使用，如 MOC3011 用于 110 V 交流电，而图 7-34 所示的双向晶闸管输出型光电隔离器 MOC3041 等可适用于 220 V 交流电使用。图 7-35 为这两类光隔离器与双向晶闸管的典型接线图，下面通过分析该电路的工作原理了解这种接口方法的应用。

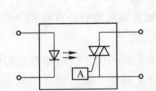

图 7-34　双向晶闸管输出光电隔离器

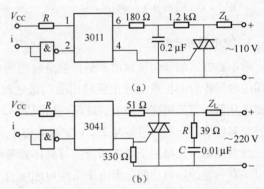

图 7-35　MOC3011/3041 接口电路

不同的光电隔离器，其输入端驱动电流也不一样，如 MOC3041 为 15 mA，MOC3011 的驱动电流仅为 5 mA，因此，在驱动回路中可加一限流电阻 R，一般在微机控制系统中，其输出可用 OC 门驱动，在光隔离器输出端，与双向晶闸管并联的 RC 是为了在使用感性负载时吸收与电流不同步的过压，而门极电阻则是为了提高抗干扰能力，以防误触发。

5. 固态继电器输出接口

固态继电器（SSR）是近年发展起来的一种新型电子继电器，其输入控制电流小，用 TTL、HTL、CMOS 等集成电路或加简单的辅助电路就可直接驱动，因此适宜于在微机测控系统中作为输出通道的控制元件，其输出利用晶体管或晶闸管驱动，无触点。与普通的电磁式继电器和磁力开关相比，具有无机械噪声、无抖动和回跳、开关速度快、体积小、重量轻、寿命长、工作可靠等特点，并且耐冲击、抗潮湿、抗腐蚀，因此在微机测控等领域，已逐渐取代传统的电磁式继电器和磁力开关作为开关量输出控制元件。

固态继电器按其负载类型分类，可分为直流型（DC-SSR）和交流型（AC-SSR）两类。

（1）直流型 SSR

直流型 SSR 又可分为三端型和二端型，其中二端型是近年发展起来的多用途开关。图 7-36 为直流型 SSR 的原理图及外引线图，这种 SSR 主要用于直流大功率控制场合。

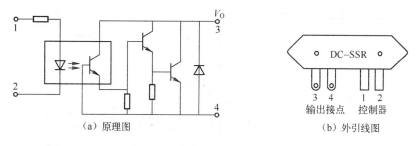

图 7-36　直流 SSR 原理及外引脚

图 7-37 所示为直流型 SSR 典型接线图，此处所接为感性负载，对一般电阻型负载，可直接加负载设备。

（2）交流型 SSR

交流型 SSR 又可分为过零型和移相型两类，由双向晶闸管作为开关器件，可用于交流大功率驱动场合。对于非过零型 SSR，在输入信号时，不管负载电源电压相位如何，负载端立即导通；而过零型必须在负载电源电压接近零且输入控制信号有效时，输出端负载电源才导通，而当输入端的控制电压撤销后，流过双向晶闸管负载为零时才关断。

图 7-38 所示为利用交流型 SSR 控制三相负载的电路，对于三相四线制的接法，也可使用 3 个 SSR 对三路相线进行控制。

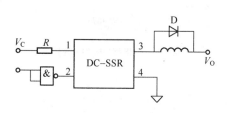

图 7-37　直流型 SSR 接口电路

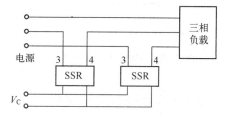

图 7-38　交流型 SSR 控制三相负载电路

当固态继电器的负载驱动能力不能满足要求时可外接功率扩展器，如直流 SSR 可外接大功率晶体管、单向晶闸管驱动，交流 SSR 可采用大功率双向晶闸管驱动。

为增加电路的可靠性，保护 SSR，在驱动感性负载时也可在 SSR 输出端再外接 RC 吸收回路和压敏电阻。图 7-39 所示为利用 SSR 控制单相交流电动机正反转电路，其中由 R_p、C_p 组成吸收回路，R_M 为压敏电阻。

在具体进行电路设计时，可根据需要选择固态继电器的类型和参数，在选择参数时尤其要注意其输入电流和输出负载驱动能力。

6. 集成功率电子开关输出接口

这是一种可用 TTL、HTL、DTL、CMOS 等数字电路直接驱动的直流功率电子开关器件，具有开关速度快、无触点、无噪声、寿命长等特点，常用于微电动机控制、电磁阀驱动等场合，在微机测控系统中也用于取代机械触点或继电器作为开关量输出器件，常用 TWH8751、TWH8728 等。图 7-40 为 TWH8751 的外引脚图，在使用时需外接电源，其中 S_T 为控制端。

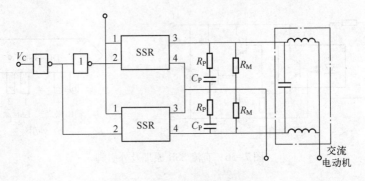

图 7-39 SSR 控制单相交流电动机

集成功率电子开关一般用于直流和电流不大（一般为几安或更小）的场合，有时也可在交流场合使用。这是一种逻辑开关，而不是模拟开关，其输出受控制端和输入端的限制，一般控制端为低电平时工作，此时输出极是否导通，受输入端控制。图 7-41 所示为利用 TWH8751 作为直流开关的输出接口。

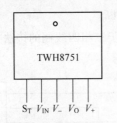

图 7-40 TWH8751 引脚图

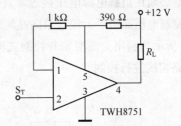

图 7-41 TWH8751 接口电路

7.4.3 执行元件的功率驱动接口

在机电一体化系统中，执行元件往往是功率较大的机电设备，如电磁铁、电磁阀、各类电动机、液压设备及气缸等。微机系统输出的控制信号（数字量或模拟量）需要通过与执行元件相关的功率放大器才能对执行元件进行驱动，进而实现对机电系统的控制。

在机电一体化系统中，功率放大器被称为功率驱动接口，其主要功能是把微机系统输出的弱电控制信号转换成能驱动执行元件动作的具有一定电压和电流的强电功率信号或液压气动信号。

1. 功率驱动接口的分类

功率驱动接口的组成原理、结构类型与控制方式、执行元件的机电特性及选用的电力电子器件密切相关，因此有不同的分类方式。

① 根据执行元件的类型：功率驱动接口可分为开关功率接口、直流电动机功率驱动接口、交流电动机功率驱动接口、伺服电动机功率驱动接口及步进电动机功率驱动接口等。其中，开关功率驱动接口又包括继电接触器、电磁铁及各类电磁阀等的驱动接口。

② 根据负载的供电特性：功率驱动接口可分为直流输出和交流输出两类，其中交流输出功率驱动接口又分为单相交流输出和三相交流输出。

③ 根据控制方式：功率驱动接口分为锁相传动功率驱动接口、脉冲宽度调制型 PWM 功率驱动接口、交流电动机调差调速功率驱动接口及变频调速功率驱动接口等。

④ 根据控制目的：功率驱动接口又可分为点位控制功率驱动接口和调速功率接口。

⑤ 根据功率驱动接口选用的功率器件：功率驱动接口可分为功率晶体管（GTR）、晶闸管、绝缘栅双极型晶体管（IGBT）、功率场效应管（MOSFET）及专用功率驱动集成电路等多种类型。

2. 继电器型驱动接口

继电器通过改变金属触点的位置，使动触点与定触点闭合或分开，具有接触电阻小、流过电流大及耐高压等优点，但在动作可靠性上不及晶闸管。

继电器有电压线圈与电流线圈两种工作类型，它们在本质上是相同的，都是在电能的作用下产生一定的磁势。继电器/接触器的供电系统分为直流电磁系统和交流电磁系统，工作电压也较高，因此从微机输出的开关信号需经过驱动电路进行转换，使输出的电能能够适应其线圈的要求。继电器/接触器动作时，对电源有一定的干扰，为了提高微机系统的可靠性，在驱动电路与微机之间都用光耦合器隔离。

常用的继电器大部分属于直流电磁式继电器，一般用功率接口集成电路或晶体管驱动。在驱动多个继电器的系统中，宜采用功率驱动集成电路，例如使用 SN75468 等，这种集成电路可以驱动 7 个继电器，驱动电流可达 500 mA，输出端最大工作电压为 100 V。图 7-42 所示为典型的直流继电器接口电路。交流电磁式接触器通常用双向晶闸管驱动或一个直流继电器作为中间继电器控制。

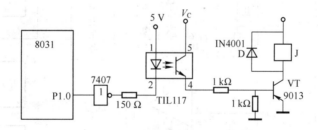

图 7-42　直流继电器接口电路

3. 直流电动机的功率驱动接口

直流电动机（包括直流伺服电动机）的控制方式有电枢控制和磁场控制两种。电枢控制是在励磁电压不变的条件下，把控制电压加在电动机的电枢上，以控制电动机的转速和转向；磁场控制是在电枢电压不变的条件下，把控制电压加在励磁绕组上实现电动机的转速控制。功率驱动接口的作用是将控制信号转变为一定幅值的电压驱动电动机运转。获得幅值可调的直流电压的途径有两种：一种是把交流电变成可控的直流电，其接口称为可控整流器；另一种是把固定幅值的直流电压变成幅值可调的直流电压，这种接口称为直流斩波器。

可控整流器又称直流变换器，采用晶闸管作为整流元件，其电路由整流变压器和晶闸管组成。根据交流供电方式，可控整流器有单相和三相之分，其工作原理如图 7-43 所示。

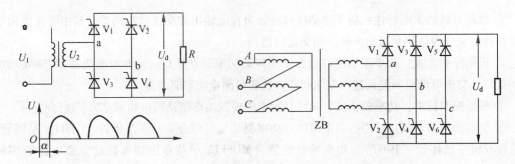

图 7-43 可控整流器原理图

电路中采用整流电路的原理，通过控制晶闸管开始导通的时间（即触发延迟角），便可改变负载上直流电压平均值 U_d 的大小，因此这种电路又称交流－直流变流器。这种驱动接口的主要设计内容是晶闸管触发电路的设计，而触发延迟角 α 的数值一般由微机软件或脉冲发生器产生。

直流斩波器又称直流断续器，是接在直流电源和负载之间的变流装置，它通过控制晶闸管或功率晶体管等大功率器件开关的频率参数来改变加到负载上的直流电压平均值，故直流斩波器又称为直流－直流变流器。目前，直流电动机的驱动控制一般采用 PWM，在大功率器件选用上，较多地使用 GTR，IGBT 及 MOSFET 也逐步得到了推广应用。图 7-44 所示为单片机与 PWM 功率放大器的接口。

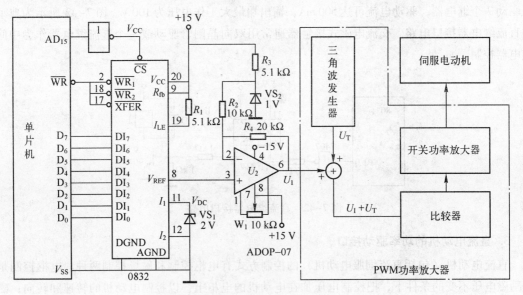

图 7-44 单片机与 PWM 功率放大器接口

图 7-44 所示的单片机模拟量输出通道由 DAC0832 型 D/A 转换器和 ADOP－07 运算放大器组成，它把数字量（00H ～ FFH）的控制信号转换成 － 2.0 ～ ＋ 2.0 V 模拟量控制信号 U_1。

【应用与实操训练】

一、实训目标

通过直流继电器驱动接口实际操作，锻炼动手能力，并对接口技术理论加深理解。

二、实训内容

电路原理图如图 7-45 所示。

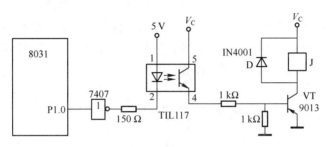

图 7-45　直流继电器驱动接口电路

三、实训器材与工具

单片机、直流继电器、电子元件。

四、实训步骤

① 电路组装：按照图 7-45 组装好电路。

② 输入程序：编写并输入程序，使 P1.0 分别输出一个高电平、一个低电平，用于观察继电器的工作状态。

③ 通电实验：观察继电器的工作状态。

④ 观察与记录数据。

【复习训练题】

1. 接口技术定义与功能。

2. 机电一体化系统接口关系。

3. 接口分类。

4. 矩阵键盘接口技术。

5. LED 数码管接口技术。

6. LCD 接口技术。

7. 输出通道接口技术组成框图。

8. 开关量接口技术。

9. 功率驱动接口电路分析。

典型机电一体化系统应用实例

前面 7 个单元的学习与实训，掌握了机电一体化技术的相关理论知识，即对机电一体化技术的系统组成、六大技术体系有了深刻的理解。本单元将学习工业机器人、电梯等典型的机电一体化设备，综合应用机电一体化技术的理论，进行设备实训。从理论到实践，完成一次质的飞跃，使学生能够胜任机电一体化技术与设备工作。

8.1　工业机器人

学习目标

- 理解工业机器人定义与特性。
- 掌握工业机器人系统组成。
- 了解工业机器人分类。
- 掌握工业机器人的机械结构。
- 理解工业机器人的控制系统。

机器人是典型的机电一体化产品。在工业生产领域，由于生产过程的机械化与自动化需要，工业机器人应运而生。伴随着机械工程、电气工程、控制技术以及信息技术等相关科技的不断发展，特别是机电一体化技术的发展，到 20 世纪 80 年代，机器人开始在汽车制造业、电机制造业等工业生产中大量采用。现在，机器人不仅在工业，而且在农业、商业、医疗、旅游、空间、海洋以及国防等诸多领域获得越来越广泛的应用。

工业机器人的发展通常可划分为三代：

第一代工业机器人：通常是指"可编程工业机器人"，又称"示教再现工业机器人"，即为了让工业机器人完成某项作业，首先由操作者将完成该作业所需的各种知识（如运动轨迹、作业条件、作业顺序和作业时间等），通过直接或间接手段，对工业机器人进行"示教"，工业机器人将这些知识记忆下来后，即可根据"再现"指令，在一定精度范围内，忠实地重复再现各种被示教的动作。19 世纪 60 年代，第一台工业机器人在美国通用汽车公司投入使用，标志着第一代工业机器人的诞生。

第二代工业机器人：通常是指"智能机器人"，具有某种智能（如触觉、力觉、视觉等）功能。即由传感器得到的触觉、力觉和视觉等信息经计算机处理后，控制工业机器人的执行机构完成相应的适应性操作。19 世纪 80 年代，美国通用汽车公司在装配线上为工业机器人装备了视觉系统，从而宣告了新一代智能工业机器人的问世。

第三代工业机器人：即所谓的"自治式工业机器人"。它不仅具有感知功能，而且还有一定的决策及规划能力。这一代工业机器人目前仍处在实验室研制阶段。

8.1.1　工业机器人的定义

1. 定义

什么是机器人，到目前为止，国际上还没有统一的定义。研究机器人的专家从不同的角度并采用不同的方法，来定义这个概念。下面给出几种不同的定义，供参考比较。

工业机器人是一种能模拟人的手、臂的部分动作，按照预定的程序、轨迹及其他要求，实现抓取、搬运工件或操纵工具的自动化装置，是典型的机电一体化产品，在实现柔性制造、提高产品质量、代替人在恶劣环境下工作，发挥着重要作用。

国际标准化组织（ISO）基本上采纳了美国机器人协会的提法，定义为："一种可重复编程的多功能操作手，用以搬运材料、零件、工具或者是一种为了完成不同操作任务，可以有多种程序流程的专门系统。"

我国国家标准 GB/T12643—2013 将工业机器人定义为："一种能自动定位控制、可重复编程的、多功能的、多自由度的操作机。能搬运材料、零件或操作工具，用以完成各种作业。"

操作机定义为："具有和人手臂相似的动作功能，可在空间抓放物体或进行其他操作的机械装置。"

英国机器人协会（BRA）的定义为："一种可重复编程的装置，用以加工和搬运零件、工具或特殊加工器具，通过可变的程序流程以完成特定的加工任务。"

日本工业标准定义为："一种在自动控制下，能够编程完成某些操作或者动作功能。"

2. 工业机器人特性

综合上述定义，可知工业机器人具有以下 3 个重要特性：

① 工业机器人是一种机械装置，可以搬运材料、零件、工具、或者完成多种操作和动作功能，具有通用性。

② 工业机器人是可以再编程的，具有多种多样程序流程的，这为人 – 机联系提供了可能，也使之具有独立的柔软性。

③ 有一个自动控制系统，可在无人参与的情况下，自动地完成操作作业和动作功能。

8.1.2　工业机器人的组成

一个较完善的工业机器人，一般由操作机（执行机构）、伺服驱动系统、控制系统及人工智能系统等部分，其实物及组成如图 8-1 所示。

1. 操作机

操作机为工业机器人完成作业的执行机构，它具有和手臂相似的动作功能，是可在空间抓放物体或进行其他操作的机械装置。它包括移动机械、机座、手臂、手腕和末端执行器等部分。有时为了增加工业机器人的工作空间，在机座处装有行走机构。

2. 伺服驱动系统

伺服驱动系统主要指驱动执行机构的传动装置。它由驱动器、减速器、检测元件等组件组

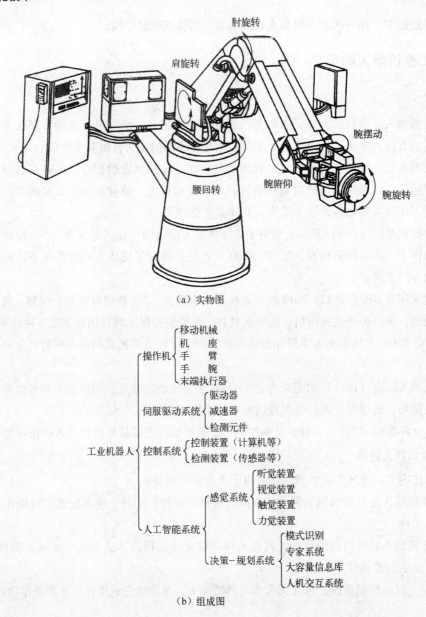

（a）实物图

（b）组成图

图8-1　工业机器人组成

成。它对执行机构的转速、转向、位移等进行精确控制。常用的伺服驱动系统有：直流电动机伺服驱动、交流电动机伺服驱动、步进电动机伺服驱动、液压伺服驱动、气压伺服驱动。驱动系统中的电动机、液压缸、气缸可以与操作机直接相连，也可以通过齿轮传动、链传动、谐波齿轮传动、螺旋传动、带传动装置等与执行机构相连。

3. 控制系统

控制系统是工业机器人的核心部分，其作用是支配操作机按所需的顺序，沿规定的位置或轨迹运动。

按照控制系统的构成，分为开环控制系统和闭环控制系统；按照控制方式，分为程序控制系统、适应性控制系统和智能控制系统；按照控制手段，目前工业机器人控制系统大多数采用计算机控制系统。

4. 人工智能系统

人工智能系统是计算机控制系统的高层次发展。它主要由两部分组成：其一为硬件（或感觉）系统，主要靠各类传感器来实现其感觉功能；其二是软件（或决策、规划）系统，包括模式识别、专家系统、大容量信息库和人机交互系统等。

8.1.3　工业机器人的分类

1. 按操作机坐标形式分类

操作机的坐标形式是指操作机的手臂在运动时所取的参考坐标系的形式。

① 直角坐标型工业机器人：如图 8-2（a）所示，其运动部分由 3 个相互垂直的直线移动（即 PPP）组成，其工作空间图形为长方体。它在各个轴向的移动距离，可在各个坐标轴上直接读出，直观性强；易于位置和姿态（简称位姿）的编程计算，定位精度最高，控制无耦合，结构简单，但机体所占空间体积大，动作范围小，灵活性较差，难与其他工业机器人协调工作。

② 圆柱坐标型工业机器人：如图 8-2（b）所示，其运动形式是通过一个转动和两个移动（即 RPP）组成的运动系统来实现的，其工作空间图形为圆柱形。与直角坐标型工业机器人相比，在相同的工作空间条件下，机体所占体积小，而运动范围大，其位置精度仅次于直角坐标型，难与其他工业机器人协调工作。

③ 球坐标型工业机器人：又称极坐标型工业机器人，如图 8-2（c）所示，其手臂的运动由两个转动和一个直线移动（即 RRP：一个回转、一个俯仰和一个伸缩运动）所组成，其工作空间为一球体，它可以作上下俯仰动作并能抓取地面上或较低位置的工件，具有结构紧凑、工作空间范围大的特点，能与其他工业机器人协调工作，其位置精度尚可，位置误差与臂长成正比。

④ 多关节型工业机器人：又称回转坐标型工业机器人，如图 8-2（d）所示，这种工业机器人的手臂与人体上肢类似，其前 3 个关节都是回转副（即 RRR），该工业机器人一般由立柱和大小臂组成，立柱与大臂间形成肩关节，大臂与小臂间形成肘关节，可使大臂做回转运动和俯仰摆动，小臂做俯仰摆动。其结构最紧凑，灵活性大，占地面积最小，工作空间最大，能与其他工业机器人协调工作，但位置精度较低，有平衡问题，控制耦合。这种工业机器人使用越来越广泛。

⑤ 平面关节型工业机器人：如图 8-2（e）所示，它采用一个移动关节和两个回转关节，移动关节实现上下运动，而两个回转关节则控制前后、左右运动。这种形式的工业器人又称SCARA 装配机器人。在水平方向具有顺性，而在垂直方向则有较大的刚性。它结构简单，动作灵活，多用于装配作业中，特别符合小规格零件的插接装配，在电子工业零件的插接、装配中应用广泛。

2. 按控制方式分类

（1）点位控制（PTP）工业机器人：就是采用点到点的控制方式，它只在目标点处准确控制工业机器人手部的位姿，完成预定的操作要求，而不对点与点之间的运动过程进行严格的控制。目前应用的工业机器人中，多数属于点位控制方式，如上下料搬运机器人、点焊机器人等。

（2）连续轨迹控制（CP）工业机器人：工业机器人的各关节同时做受控运动，准确控制工

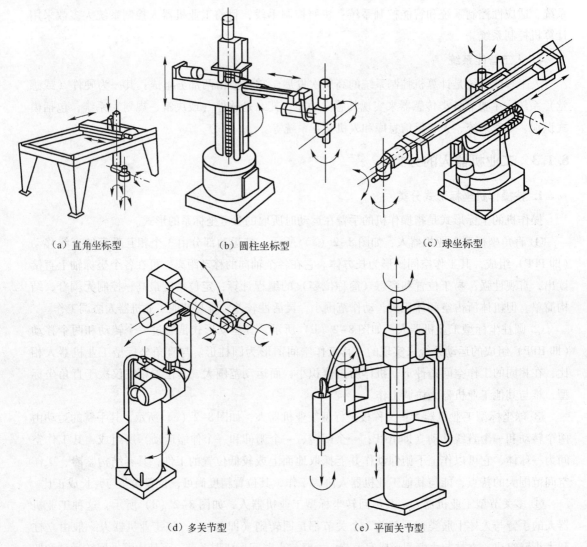

（a）直角坐标型　　　　　　（b）圆柱坐标型　　　　　　（c）球坐标型

（d）多关节型　　　　　　　　（e）平面关节型

图 8-2　工业机器人坐标形式

业机器人手部按预定轨迹和速度运动，而手部的姿态也可以通过腕关节的运动得以控制。弧焊、喷漆和检测机器人均属连续轨迹控制方式。

3. 按驱动方式分类

（1）气动式工业机器人

这类工业机器人以压缩空气来驱动操作机，其优点是空气来源方便，动作迅速，结构简单，造价低，无污染；缺点是空气具有可压缩性，导致工作速度的稳定性较差。又因气源压力一般只有 6 kPa 左右，所以这类工业机器人抓举力较小，一般只有几十牛顿，最大百余牛顿。

（2）液压式工业机器人

因为液压压力比气压压力高得多，一般为 70 kPa 左右，故液压传动工业机器人具有较大的抓举能力，可达上千牛顿。这类工业机器人结构紧凑，传动平稳，动作灵敏，但对密封要求较高，且不宜在高温或低温环境下工作。

（3）电动式工业机器人

这是目前用得最多的一类工业机器人，不仅因为电动机品种众多，为工业机器人设计提供了多种选择，也因为它们可以运用多种灵活的控制方法。早期多采用步进电动机驱动，后来发展了直流伺服驱动单元，目前交流伺服驱动单元也在迅速发展。这些驱动单元或是直接驱动操作机，或是通过诸如谐波减速器的装置来减速后驱动，结构十分紧凑、简单。

4. 按信息输入形式分类

（1）操纵机器人

这是一种远距离操纵的机器人。在这种场合，相当于人手操纵的部分称为主动机械手，进行相似动作的部分称为从动机械手，类似与铣床仿形加工。两者在机构上多半是类似的。这种工业机器人主要应用在实验室处理放射性物质，或在其他危害人类的环境中使用。

（2）程序机器人

通过预先设定的程序进行作业，但它不能更换作业。现在一些程序机器人则可用某些方法更换作业。例如，在用压力机制作零件时，设置收到压制完成信号决定取出零件的场所，把新的零件送入压力机。并依据零件的种类改变夹持零件的位置及放置位置。

（3）示教再现机器人

示教再现机器人的工作模式分为两步。开始为示教作业，一种方式，人一边操纵机器人，一边在各重要位置按下示教盒的按钮，记忆其位置，而进行作业时把它再现，机器人按预定的顺序再现轨迹；另一种方式，是用示教盒在远距离操作示教机器人轨迹，然后再现轨迹。示教再现工业机器人能够按照人的意愿自由地示教其在空间上作业，能在可以达到的空间内实现各式各样的作业。由于它具有多个类似人手臂的关节，在形态和机能上与人的手臂相似，因此人们常常称为机器臂。示教再现机器人的出现可以说是工业机器人的开始。在汽车厂进行点焊的机器人大多是这种类型的机器人。

（4）计算机控制工业机器人

计算机控制工业机器人是一种用计算机控制机器人动作，来代替人操纵机器人进行动作的工作方式。例如，使机器人手爪沿着圆周动作时，用计算机给出轨迹比人进行操作要方便得多，但必须编制计算机程序。目前的计算机控制机器人仍然具有示教再现功能，这样就使得机器人的可操作性大为增强。

（5）智能机器人

这种类型的机器人不仅能重复预先记忆的动作，还具有能按照环境变化随时修正或改变动作的自律功能。因此，智能机器人为了能感觉环境状态并做出正确的反应，需要有各种感觉器官（视觉、听觉、触觉等传感器）和处理复杂信息的计算机硬件与软件。目前，人们正在研究各种智能机器人。例如，对传动带上多个物体的识别、回避障碍物的移动、作业次序的规划、有效的动态学习、多个机器人的协调作业等。智能机器人具备智能方面的优点，而且其功能向下兼容，因而在工业领域应用必将越来越广泛。

8.1.4 工业机器人的机械结构

从结构上来看，工业机器人是由机器人机座、手臂、手腕、手指等几部分组成，这几部分构成了机器人的整个机械结构部分。下面主要介绍固定机器人的机械结构。

1. 机器人机座

机器人机座是机器人的基础部分，起支承作用。在一般机器人中，立柱式、机座式和屈伸式机器人大多是固定式的；随着海洋科学、原子能工业及宇宙空间事业的发展，可以预见具有智能的、可移动机器人肯定是今后机器人的发展方向。

固定式机器人的机座直接连接在地面基础上，也可固定在机身上。

2. 机器人手臂

手臂是机器人执行机构中重要的部件，其作用是将被抓取的工件运送到给定的位置，因而一般机器人的手臂有3个自由度，即手臂的伸缩、左右回转和升降（或俯仰）运动、手臂回转的重量，而且承受末端执行器、手腕和手臂自身的重量。手臂的结构、工作范围、灵活性以及抓重大小（即臂力）和定位精度都直接影响机器人的工作性能，所以必须根据机器人的抓取重量运动形式、自由度数、运动速度以及定位精度的要求来设计手臂的结构形式。

按手臂的运动形式区分，手臂有直线运动的，如手臂的伸缩、升降及横向（或纵向）移动；有回转运动的，如手臂的左右回转、上下摆动（即俯仰）；有复合运动的，如直线运动和回转运动的组合、两直线运动的组合、两回转运动的组合。

实现机器人手臂回转运动的机构形式是多种多样的，其中最常用的是齿轮传动机构、链轮传动机构、连杆机构等。在齿轮传动机构中，为了保证传动精度，必须提高齿轮本身的制造精度，然而结果常常导致制造成本提高。为了降低对齿轮精度的要求，可以人为地提高轮系的柔性，实现这一目的的途径之一是采用双路传动。

3. 机器人手腕

手腕是连接末端夹持器和手臂的部件，其作用是调整或改变工件的方位，因而它具有独立的自由度，以使机器人末端夹持器适应复杂的动作要求。

确定末端夹持器的作业方向，对于通用机器人来说，需要有相互独立的3个自由度，一般由3个回转关节组成。常用的如图8-3所示，

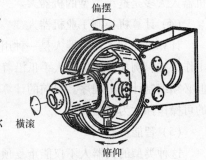

图8-3 手腕结构

腕回转关节的组合运动形式如下：

① 俯仰：绕小臂轴线方向的旋转称为俯仰。

② 偏摆：使末端执行器相对于手臂进行的摆动称偏摆。

③ 横滚：使末端执行器（手部）绕自身轴线方向的旋转称为横滚。

根据使用要求，手腕的自由度不一定是3个，可以是1个、2个或比3个多，手腕自由度的选用与机器人的应用环境以及加工工艺要求、工件放置方位和定位精度等许多因素有关。一般来说，在腕部设有一个横滚或再增加一个偏摆动作即可满足一般环境的工作要求。

单自由度手腕，在使用过程中，通常有两种形式：俯仰型和偏摆型，其结构简图如图8-4所示。俯仰型手腕沿机器人小臂轴线方向上下俯仰，完成所需要的功能；偏摆型手腕沿机器人小臂轴线方向左右摆动，完成所需要的功能。这两种结构常见于简单专用的工作环境。

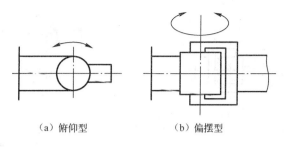

（a）俯仰型　　　　　　　　（b）偏摆型

图 8-4　单自由度手腕结构简图

　　双自由度手腕在结构上比较简单，可达空间基本满足大多数工业环境，双自由度手腕是在工业机器人中应用最多的结构形式。双自由度的结构形式，如图 8-5 所示，可分为 4 种形式：双横滚结构，图 8-5（a）；双横滚偏摆结构，图 8-5（b）；偏摆横滚结构，图 8-5（c）；双偏摆结构，图 8-5（d）。例如，20 世纪 80 年代的国产工业焊接机器人、喷漆工业机器人等，它们的手腕基本上是双自由度的手腕。

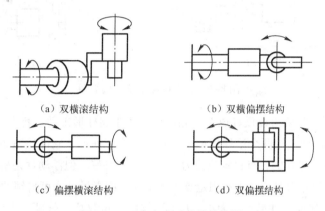

（a）双横滚结构　　　　　　　　（b）双横偏摆结构

（c）偏摆横滚结构　　　　　　　　（d）双偏摆结构

图 8-5　双自由度手腕结构简图

　　三自由度手腕是手腕中结构较为复杂的手腕，但可达空间度最高，能够实现直角坐标系中的任意姿态，因此，在现行的万能工业机器人中所使用的手腕基本上都是 3 个自由度的。常用的三自由度手腕结构有 6 种形式，如图 8-6 所示。

　　三自由度手腕容易出现自由度退化现象，以图 8-6（c）为例，假设中间偏摆轴不转，这时第一轴和第三轴的轴线重合，三自由度的手腕变成了一个自由度的手腕，起不到 3 个自由度的作用，把这种现象称为自由度退化现象。

4. 机器人末端夹持器——手腕

　　末端夹持器是机器人直接用于抓取和握紧（或吸附）工件或夹持专用工具（如喷枪、扳手、焊接工具）进行操作的部件，它具有模仿人手动作的功能，并安装于机器人的前端。末端夹持器大致可分为以下几类：①夹钳式取料手；②吸附式取料手；③专用操作器及转换器；④仿生多指灵巧手。

　　夹钳式取料手通过手指的开、合动作实现对物体的夹持。手指是直接与工件接触的部件。

　　手部松开和夹紧工件，就是通过手指的张开与闭合来实现的。机器人的手部一般有两个手指，也有 3 个或多个手指，其结构形式常取决于被夹持工件的形状和特性。

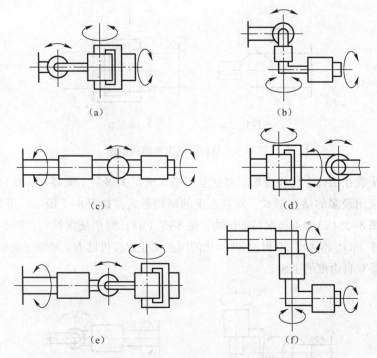

图 8-6　三自由度手腕结构简图

① 指端形状根据需要可以设计成 V 形指，它适用于圆柱形工件。特点是夹紧平稳可靠，夹持误差小；也可以设计成用两个滚柱代替 V 形体的两个工作面，它能快速夹持旋转中的圆柱体。也可以设计成 V 形可浮动的，有自定位能力，与工件接触好，但浮动件是机构中的不稳定因素。在夹持或运动中受到外力时，必须有固定支承来承受，或者设计成可自锁的浮动件。

② 指面形式可根据工件形状、大小，从其被夹持部位材质、软硬、表面性质等不同，设计成光滑指面、齿形指面或柔性指面。

机器人手爪和手腕最完美的形式是模仿人手的多指灵巧手。如图 8-7 所示，多指灵巧手有多个手指，每个手指有 3 个回转关节，每一个关节自由度都是独立控制的。因此，能模仿人手指能完成的各种复杂功能，诸如拧螺钉、弹钢琴、作礼仪手势等。在内部配置触觉、力觉、视觉、温度传感器，将会使多指灵巧手达到更完美的程度。多指灵巧手的应用前景十分广泛，可在各种极限环境下完成人无法实现的操作，如在核工业领域、宇宙空间内作业，在高温、高压、高真空环境下作业。

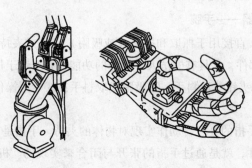

图 8-7　多手指结构

8.1.5　工业机器人的控制系统

1. 工业机器人控制系统的特点

① 工业机器人有若干个关节，典型工业机器人有五六个关节，每个关节由一个伺服系统控制，多个关节的运动要求各个伺服系统协同工作。

② 工业机器人的工作任务是要求操作机的手部进行空间点位运动或连续轨迹运动，对工业机器人的运动控制，需要进行复杂的坐标变换运算，以及矩阵函数的逆运算。

③ 工业机器人的数学模型是一个多变量、非线性和变参数的复杂模型，各变量之间还存在着耦合，因此工业机器人的控制中经常使用前馈、补偿、解耦和自适应等复杂控制技术。

④ 较高级的工业机器人要求对环境条件、控制指令进行测定和分析，采用计算机建立庞大的信息库，用人工智能的方法进行控制、决策、管理和操作，按照给定的要求，自动选择最佳控制规律。

2. 对工业机器人控制系统的基本要求

① 实现对工业机器人的位姿、速度、加速度等的控制功能，对于连续轨迹运动的工业机器人还必须具有轨迹的规划与控制功能。

② 方便的人－机交互功能，操作人员采用直接指令代码对工业机器人进行作业指示。工业机器人具有作业知识的记忆、修正和工作程序的跳转功能。

③ 具有对外部环境（包括作业条件）的检测和感觉功能。为使工业机器人具有对外部状态变化的适应能力，工业机器人应能对诸如视觉、力觉、触觉等有关信息进行检测、识别、判断、理解等功能。在自动生产线中，工业机器人应有与其他设备交换信息、协调工作的能力。

④ 具有诊断、故障监视等功能。

3. 工业机器人控制系统的分类

工业机器人控制系统可以从不同角度进行分类：

① 按控制运动的方式不同，可分为关节运动控制、笛卡儿空间运动控制和自适应控制。

② 按轨迹控制方式的不同，可分为点位控制和连续轨迹控制。

③ 按速度控制方式的不同，可分为速度控制、加速度控制、力控制。

本书主要介绍按发展阶段的分类方法。

（1）程序控制系统

目前，工业用的绝大多数第一代机器人属于程序控制机器人，其程序控制系统的结构框图如图 8-8 所示，包括程序装置、信息处理器和放大执行装置。信息处理器对来自程序装置的信息进行变换，放大执行装置则对工业机器人的传动装置进行作用。

输出量 X 为一向量，表示操作机运动的状态，一般为操作机各关节的转角或位移。控制作用 U 由控制装置加于操作机的输入端，也是一个向量。给定作用 G 是输出量 X 的目标值，即 X 要求变化的规律，通常是以程序形式给出的时间函数，G 的给定可以通过计算工业机器人的运动轨迹来编制程序，也可以通过示教法来编制程序。这就是程序控制系统的主要特点，即系统的控制程序是在工业机器人进行作业之前确定的，或者说工业机器人是按预定的程序工作的。

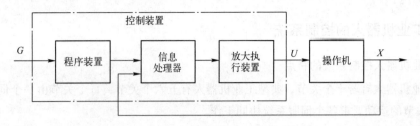

图 8-8　程序控制系统框图

（2）适应性控制系统

适应性控制系统多用于第二代工业机器人，即具有知觉的工业机器人，它具有力觉、触觉或视觉等功能。在这类控制系统中，一般不事先给定运动轨迹，由系统根据外界环境的瞬时状态实现控制，而外界环境状态用相应的传感器来检测。系统框图如图 8-9 所示。

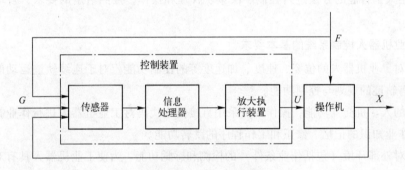

图 8-9　适应控制系统框图

图中 F 是外部作用向量，代表外部环境的变化；给定作用 G 是工业机器人的目标值，它并不简单地由程序给出，而是存在于环境之中，控制系统根据操作机与目标之间的坐标差值进行控制。显然，这类系统要比程序控制系统复杂得多。

（3）智能控制系统

智能控制系统是最高级、最完善的控制系统，在外界环境变化不定的条件下，为了保证所要求的品质，控制系统的结构和参数能自动改变，其框图如图 8-10 所示。智能控制系统具有检测所需新信息的能力，并能通过学习和积累经验不断完善计划，该系统在某种程度上模拟了人的智力活动过程，具有智能控制系统的工业机器人为第三代"工业机器人，即自治式工业机器人。

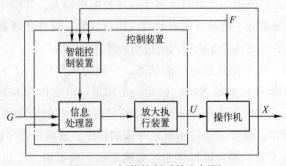

图 8-10　智能控制系统方框图

4. 工业机器人的控制系统

目前，大部分工业机器人都采用二级计算机控制，第一级为主控制，第二级为伺服控制级，系统框图如图 8-11 所示。

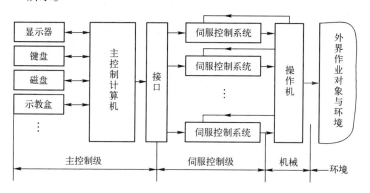

图 8-11　二级计算机控制系统

主控制级由主控制计算机及示教盒等外围设备组成，主要用以接收作业指令，协调关节运动，控制运动轨迹，完成作业操作。伺服控制级为一组伺服控制系统，其主体亦为计算机，每一伺服控制系统对应一定关节，用于接收主控制计算机向各关节发出的位置、速度等运动指令信号，以实时控制操作机各关节的运行。

系统的工作过程如下：

① 操作人员利用控制键盘或示教盒输入作业要求，如要求工业机器人手部在两点之间做连续轨迹运动。

② 主控制计算机完成以下工作：分析解释指令、坐标变换、插补计算、矫正计算，最后求取相应的各关节协调运动参数。

- 坐标变换即用坐标变换原理，根据运动学方程和动力学方程计算工业机器人与工件关系、相对位置和绝对位置关系，是实现控制所不可缺少的。
- 插补计算是用直线的方式解决示教点之间的过渡问题。
- 矫正计算是为保证在手腕各轴运动过程中保持与工件的距离和姿态不变对手腕各轴的运动误差补偿量的计算。
- 运动参数输出到伺服控制级作为各关节伺服控制系统的给定信号，实现各关节的确定运动。控制操作机完成两点间的连续轨迹运动，操作人员可直接监视操作机的运动，也可以从显示器控制屏上得到有关的信息。这一过程反映了操作人员、主控制级、伺服控制级和操作机之间的关系。

5. 工业机器人实例——装配机器人（SCARA 型）

装配机器人在水平方向具有顺应性，而在垂直方向则具有很大的刚性，最适合于装配作业使用。SCARA 意思是具有选择顺应性的装配机器人手臂。装配机器人有大臂回转、小臂回转、腕部升降与回转 4 个自由度。

下面以 ZP-1 型多手臂装配机器人为例进行简单介绍。

该机器人装配系统用于装配 40 火花式电雷管，代替人从事易爆易燃的危险作业。电雷管的组成如图 8-12（a）所示。

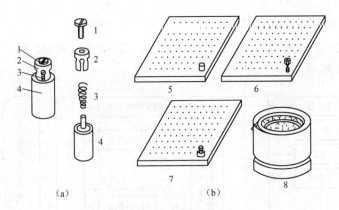

图 8-12　40 火花式电雷管的组成及料盘

1—螺钉；2—导电帽；3—弹簧；4—雷管体；5、6、7—料盘；8—振动料斗

机器人完成的工作如下：

① 将导电帽弹簧组合件装在雷管体上。

② 小螺钉拧到雷管体上，把导电帽、弹簧组合件和雷管体联成一体。

③ 检测雷管体外径、总高度雷管体与导电帽之间是否短路。装配前雷管体倒立在 10 行 × 10 列的料盘 5 上，弹簧与导电的组合件插放在另一个 10 行 × 10 列的料盘 6 上，小螺钉散放在振动料斗 8 中，装配好后放在 10 行 × 10 列料盘 7 上，如图 8-10（b）所示。机器人在装配点的重复定位精度可 ±0.05 1/lin，电雷管重约 100 g，一次装配过程约需 20 s。

（1）机械系统构成

该机器人机械系统构成如图 8-13 所示，由左、中、右三只手臂组成，左右手臂的结构基本相同，大臂长 200 mm，小臂长（肘关节至手部中心）为 160 mm。两立柱间距为 710 mm，总高度820 mm（可适当调整）。左（右）手臂各有大臂 1（1′）、小臂 2（2′）、手腕 3（3′）和手部4（4′）；驱动大臂的为步进电动机 5（5′）及谐波减速器 6（6′）与位置反馈用光电编码器7（7′）；驱动小臂的为步进电动机 8（8′）及谐波减速器 9（9′）与位置反馈用光电编码器10（10′）；另外，还有平行四杆机构 11（11′）；整个手臂安装在支架和立柱 12（12′）上，并由基座 19（19′）支承。手腕的升降、回转和手爪的开闭都是气动的，因此有相应的气缸、输气管路。右臂右侧雷管料盘为 13′、左臂左侧为导电帽与弹簧组合件料盘 13。第三只手臂（中臂）为拧螺钉装置，放在左、右手臂中间的工作台上，装有摆动臂 14 和气动改锥 15，它的左侧装有供螺钉用的振动料斗 16，成品料盘 18 安装在右手壁的右前方。

（2）驱动系统

该机器人两手臂在 $X - Y$ 平面内的运动是由步进电动机驱动的，所选用的步进电动机型号为70BFlO、六相、按 2-3 方式分配，共 12 拍，电动机的启动频率为 600 步/s，达到运行频率24 000 步/s，所需的启动时间为 0.6 s。一个关节的电动机驱动系统如图 8-14 所示。

（3）控制与检测传感系统

控制与检测传感系统原理如图 8-15 所示，由 7 个 CSA-816 型电涡流传感器分别检测手臂到达装配点的位置、雷管的直径与高度、手爪是否抓住雷管体与弹簧组件以及雷管体与导电帽的短路状态等。这些信号送到测量仪与设定值进行比较，确定是否合格或过、欠，再经过测量接口电路，送到 CMC80 工业控制机进行处理、产生中断信号。

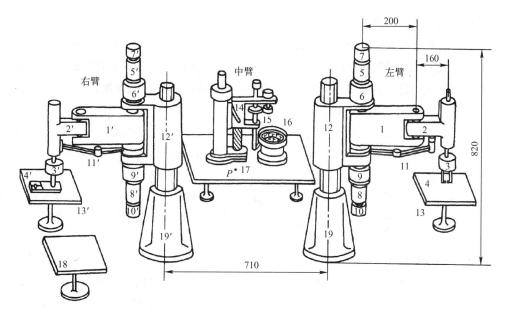

图 8-13　ZP-1 型机器人机械系统构成

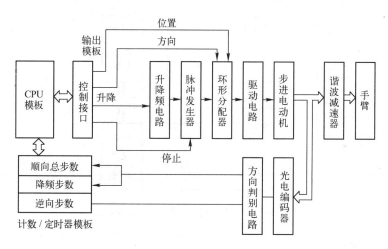

图 8-14　一个关节的步进电机驱动系统

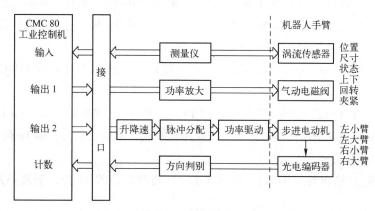

图 8-15　控制与检测传感系统原理框图

计算机的输出口有两部分，一部分有 17 路，通过控制接口电路、功率放大电路，驱动气动电磁阀。根据计算机指令，使左、右手腕分别作升、降、回转动作，使手爪作闭合夹紧动作等。另一部分有 16 路，通过控制接口电路分别向 4 台步进电动机发出置位、升降速方向及停止信号，并通过升降速电路、脉冲分配器、功率驱动电路，使步进电动机按照预定的程序做启动、升速、高速运行和降速、停止等动作。

4 台步进电动机的轴伸端分别与左、右大小管联结，使手臂在装配点与取（放）工件点之间运动。当手臂回到装配点时，相应的电涡流传感器发出到位信号，计算机收到这一信号后，发出停止命令，使步进电动机与相应的手臂停止运动。当手臂到达取（放）工件点时，由计数器记录的步进电动机步进步数与预置步数相一致时，计算机发出停止命令。这是在步进电动机的另一轴伸端分别连接一个光电编码器，步进电动机每走一步，光电编码器发一个脉冲。步进电动机的转动方向由方向判别电路判别。

（4）微机控制系统组成

该机器人选用 CMC80 微型计算机作为主控制器，具有比较丰富的功能模块，可根据需要选用若干模板组成预定功能的自动检测和控制系统。采用国际通用的微机用 STD 标准总线，系统的组成和扩展比较方便。CMC80 微机控制系统组成如图 8-16 所示。

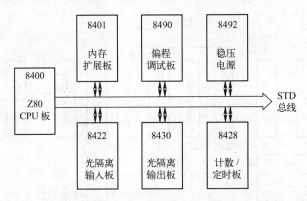

图 8-16　CMC80 微机控制系统的组成

各块模板的主要功能如下：

① CMC80 计算机组成 CPU 板（编号 8400）：采用 Z80CPU，主频 2 MHz，允许 3 种中断方式；板上内存 RAM（2116）或 EPROM（2716）为 2 ～ 16 KB；板上有一个编程调试板接口；一个 2×8 位并行接口、一个 RS232C 串行接口。

② 内存扩展板（8401）：可将内存扩展 16 ～ 32 KB，RAM（2116）或 EPROM（2716）均可，寻址空间为 4000H ～ BFFFH。

③ 32 路输入板（8422）：内有两片 Z80 - P10，其中一片经光电耦合器（TIL113）接收外部输入信号，即 16 路光隔离输入信号。一片经反相器接收外部输入信号，即 16 路 TTL 输入，每路输入均可产生中断信号。

④ 64 路光隔离输出板（8430）：内有 8 片 8D 锁存器，共 64 位，全部经过光电耦合器（TTLl3）输出。

⑤ 32 路计数/定时器板（8428）：内装 8 片 Z80 - CTC，每片有 4 个计数/定时器通道，共 32

个通道，其中 16 个为光电隔离计数/定时器通道、16 个为 TTL 计数/定时器通道，每个通道均可产生中断。

⑥ 编程调试板（8490）：与 CPU 板相配合进行人机联系，用于编制程序，进行系统和接口的调试、诊断、运行，可直接在板上进行 EPR（ ）M 的写入、程序的转储、数字结果的显示等。该板上有 6 个七段 LED 显示、30 个小键盘、磁带机接口等。

机箱电源－微机机箱采用 19 英寸标准机箱，内装有六路高抗干扰、高精度直流稳压电源供机箱各模板使用，也可由面板引出线供外部电路使用。各路电源均有短路、过载保护，过载时有声光报警。

（5）电雷管的装配过程

开机后，计算机发出指令，首先使两手臂先后返回装配点清零，然后，右手移动到雷管体料盘停在预定的某行某列位置上，手腕下降、手爪夹紧雷管体，手腕抬起并翻转 180°使雷管体杆芯朝上。与此同时，左手移动到导电帽、弹簧组件料盘并停在某行某列位置上，手腕下降，手爪夹紧导电帽、弹簧组件，手腕抬起。此后，右手返回到装配点。接着左手也返回到装配点，手腕边压下、边回转，将导电帽弹簧组件装到雷管体的杆芯上，左手离开装配点。此时，螺钉已在振动料斗中自动整列排队、逐个落下，第三只手臂取螺钉后摆动到装配点，压下气动螺丝刀将螺钉旋入雷管体杆芯的螺孔中，右手抓取雷管体时检测直径是否过大（不合格）或过小（抓空），左手抓取弹簧导电帽组件时，检测是否抓空，第三只手的螺丝刀压下之前检测螺钉有无，装配完成后检测雷管高度是否合格，是否符合短路要求。如果没有螺钉，第三只手返回，再次去取螺钉，进行拧螺钉动作。对于不合格品则放到备好的废品盒内。计算机对总工件数和废品数进行统计，当装满一料盘成品（100 件）时发出呼叫信号，工人将成品盘撤走，换上一个空料盘，继续装配。

8.2　电　　梯

学习目标

- 掌握电梯结构与工作原理。
- 理解电梯工作原理。

现代社会，电梯已进入人们的日常生活领域。高楼大厦、车站、码头、超市等，随处可见电梯运行。电梯长时间处于运行状态，日常维护保养工作量大。但是，电梯是典型的机电一体化设备，需要专业的机电一体化技术人员才能进行维护保养。电梯的安全运行也十分重要，一旦出现安全问题，就可能导致人身伤亡事故。

学习机电一体化技术课程后，就能掌握电梯技术，就能从事电梯的维护与保养工作。

8.2.1　电梯结构

按照机电一体化设备的五大组成部分，电梯也是由机械本体、检测传感器、执行器、控制器、动力源五部分组成，如表 8-1 所示。

表 8-1　电梯结构组成

机 械 本 体	轿厢、对重、电梯井道、限速器、安全钳、缓冲器
检测传感器	楼层传感器、平层传感器、极限位置开关
控制器	PLC 控制系统、单片机控制系统
执行器	曳引电动机、齿轮传动、钢丝绳、导向轮
动力源	380 V 三相交流电源

电梯结构及各部件安装位置如图 8-17 所示。

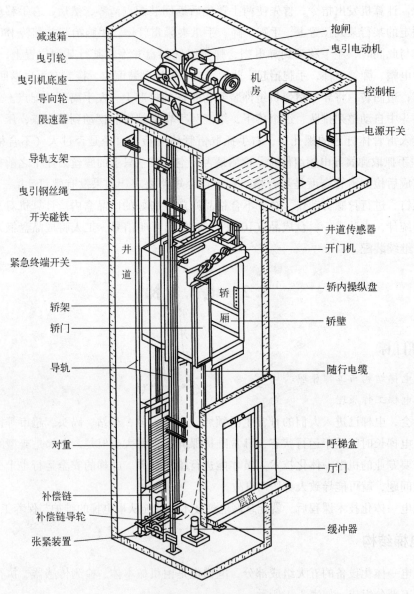

减速箱
曳引轮
曳引机底座
导向轮
限速器
导轨支架
曳引钢丝绳
开关碰铁
紧急终端开关
轿架
轿门
导轨
对重
补偿链
补偿链导轮
张紧装置

抱闸
曳引电动机
机房
控制柜
电源开关
井道传感器
开门机
轿内操纵盘
轿壁
随行电缆
呼梯盒
厅门
缓冲器

井道
轿厢
层站

图 8-17　电梯结构

电梯部分零部件结构如图 8-18 所示。

图 8-18（a）缓冲器是电梯安全装置。它安装在底坑，当电梯在运动中，由于钢丝绳断裂、曳引摩擦力不足、抱闸制动不足或控制系统失灵，导致电梯超越顶站或底坑时，缓冲器将起保护作用，以避免电梯轿厢或对重装置直接冲撞底坑或顶部，保护设备和乘客安全。

图 8-18（b）限速器是检查轿厢超速的装置。其功能是检测并控制轿厢的实际速度，当速度超过许用值时，限速器发出信号及产生机械动作，切断控制电路或迫使安全钳动作。

图 8-18（c）制动器是保证电梯安全运行的基本装置，其功能是对主轴起制动作用，能使工作中的电梯轿厢停止运行。它还对轿厢与厅门地坎平层时的准确度起着重要作用。当电梯处于静止状态时，曳引电动机、电磁制动器的线圈中均没有电流通过，这时因电磁铁芯间没有吸引力，制动器瓦块在制动弹簧压力作用下，将制动轮抱紧，保证电梯不工作；当曳引电动机通电旋转的瞬间，制动电磁铁中的线圈也同时通上直流，电磁铁芯迅速磁化吸合，带动制动臂使制动弹簧产生作用力，制动瓦块张开，与制动轮完全脱离，电梯得以运行；当电梯轿厢到达所需停站时，曳引电动机失电，制动电磁铁中线圈也同时失电，电磁铁芯中的磁力迅速消失，铁芯在弹簧的作用力下使制动臂复位，制动瓦块再次将制动轮抱住，电梯停止工作。

图 8-18（e）轿内指令盒，操纵箱上的电器元件一般包括：轿内指令按钮、急停按钮、开门和关门按钮、轿内照明灯开关、风扇、蜂铃按钮和蜂鸣器、指层灯和上行、下行方向灯。

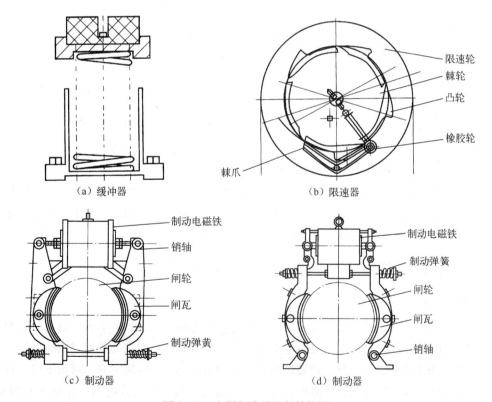

（a）缓冲器　　　　　　　　　　（b）限速器

（c）制动器　　　　　　　　　　（d）制动器

图 8-18　电梯部分零部件结构图

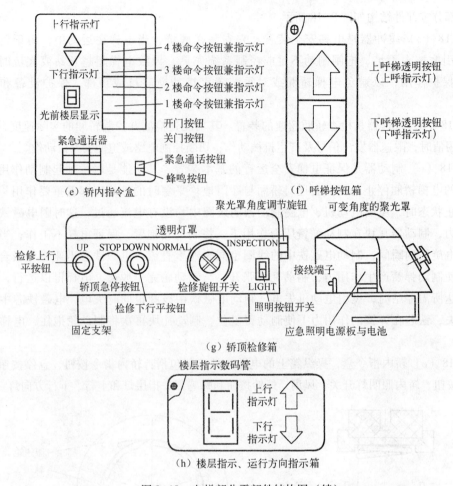

图 8-18　电梯部分零部件结构图（续）

楼层指示、运行方向指示箱，包括指层灯和上行、下行方向灯，如图 8-18（h）所示。

轿顶检修箱如图 8-18（g）所示，包括有检修转换开关，慢上按钮，慢下按钮，开门和关门按钮，急停按钮，轿顶检修灯和检修灯开关。

图 8-18（f）呼梯按钮箱是设置在厅门外侧，给厅外乘用人员呼梯的装置。上端站只有上行呼唤按钮，下端站只有下行呼唤按钮，中间层则既有上行呼唤按钮，又有下行呼唤按钮，下端站若选为基站则还设有钥匙开关，一般还设有召唤响应指示灯。

8.2.2　电梯工作原理

1. 曳引电梯驱动原理

曳引驱动是采用曳引轮作为驱动部件。曳引轮一端连接轿厢，另一端连接对重。轿厢和对重装置的重力使曳引钢丝绳压紧在曳引轮绳槽内产生摩擦力。曳引电动机通过减速器将动力传递给曳引轮，曳引轮驱动钢丝绳，使轿厢和对重做相对运动。即轿厢上升，对重下降；轿厢下降，对重上升。于是，轿厢就在井道中沿导轨上下往复运行。曳引式电梯工作原理如图 8-19 所示。

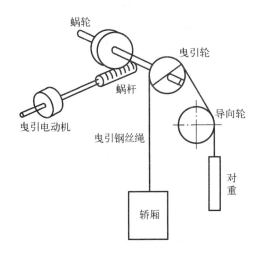

图 8-19　曳引电梯工作原理

　　曳引传动的特点是传动方式有较大的适应性，对于不同的提升高度，只改变曳引钢丝绳的长度，而不用改变结构。这种结构还使曳引钢丝绳的根数增多，而轿厢冲顶时，曳引钢丝绳与曳引轮之间可以空转，因此，加大了电梯的安全性。

2. 机械安全保护装置的工作原理

　　电梯的轿厢两侧装有导靴，导靴从三个方向箍紧在导轨上，以使轿厢和配重在水平方向准确定位。一旦发生运行超速或曳引钢丝绳拉力减弱的情况，安装在轿厢上（有的在对重上）的安全钳启动，牢牢地把轿厢卡在导轨上，避免事故发生。如果当轿厢和配重的控制系统发生故障时急速坠落，为了避免与井道地面发生碰撞，在井坑下部设置了挡铁和弹簧式缓冲器，以缓和着地时的冲击。

3. 电梯的控制方法

　　先按呼梯按钮，上楼按"上行"按钮，下楼按"下行"按钮，先出后进。进入轿厢后，请按目的楼层按钮，要轿门立即关闭请按"关门"按钮。当轿厢内指示灯显示目的楼层时，待轿厢门完全打开后离开。

4. 驾乘电梯注意事项

　　① 严禁超载运行。当电梯超载时，蜂鸣器会发出鸣叫，请立即调整载重量，以免发生危险。轿厢内禁止吸烟，不允许装运易燃、易爆、易腐蚀的危险品，更不允许利用开启电梯门或轿顶安全窗来运载超长物件。不要将乘客电梯作为载货电梯使用。严禁强行打开电梯厅门。轿厢内请勿蹦跳，此举可能使轿厢安全装置产生误动作而停止运行，发生关人事件。请勿乱按无关按钮或长时间按住按钮不放，勿用硬物敲打按钮，以免发生故障。

　　② 儿童搭乘电梯，应有大人陪同，以免发生意外。乘梯时身体严禁依靠在轿厢门上。勿因个人情况将电梯长时间停留在某一楼层，影响其他乘客搭乘。

　　③ 当电梯发生如下故障时，请立即停止使用并通知维修人员：

● 额定运行速度显著变化时。

● 厅、轿门完全关闭前，电梯能行驶时。

● 运行时，内选、平层、快速、召唤器指层信号失灵。

- 当发生火灾或地震时，乘客立即离开并禁止使用电梯。
- 电梯发生故障而关人时，不要慌张，可通过梯内报警按钮或对讲装置不断与外界联系，以便尽早得到救援。

【应用与实操训练】

一、实训目标

通过电梯控制实操，综合应用机电一体化技术，理论与实际相结合，对全书所学知识进行一次全面实操应用。

二、实训内容

采用模块法设计程序，将控制程序分为 7 个模块：楼层显示、轿内指令、厅外呼梯、选向回路、选层回路、运行控制、门控制。

三、实训器材与工具

PLC 选用西门子 S7 – 200PLC CPU226，电梯选用 4 层教学电梯模型，并根据需要进行制作与改造。

I/O 结点分配表：如表 8–2 所示。

表 8–2 I/O 结点分配表

I/O 结点分配表					
输入结点	功　能	输出结点	功　能	辅助继电器	功　能
I0.0	1 轿内	Q0.0		M0.0	1 轿内
I0.1	1 号换层	Q0.1	1DIS	M0.1	2 轿内
I0.2	2 号换层	Q0.2	2DIS	M0.2	3 轿内
I0.3	3 号换层	Q0.3	3DIS	M0.3	4 轿内
I0.4	4 号换层	Q0.4	开门	M1.0	上运行
I0.5	5 号换层	Q0.5	关门	M2.0	下运行
I0.6	6 号换层	Q0.6	上运行	M5.0	上运行控制
I0.7		Q0.7	下运行	M6.0	下运行控制
I1.0	2 轿内	Q1.0	上运行显示	M7.0	上呼预停
I1.1	上极限开关	Q1.1	下运行显示	M8.0	下呼预停
I1.2	下极限开关	Q1.2	1 上呼	M9.0	轿内指令预停
I1.3	总停	Q1.3	2 上呼	M10.0	一楼继电器
I1.4	启动	Q1.4	2 下呼	M10.1	二楼继电器
I1.5	3 轿内	Q1.5	3 上呼	M10.2	三楼继电器
I1.6	4 轿内	Q1.6	3 下呼	M10.3	四楼继电器
I1.7	1 上呼	Q1.7	4 上呼	M11.0	停层

续表

输入结点	功 能	输出结点	功 能	辅助继电器	功 能
I2.0	2 上呼	时间继电器		M12.0	运行中
I2.1	2 下呼	T37	延时开门	M14.0	启动
I2.2	3 上呼	T38		M15.0	总停
I2.3	3 下呼	T39	延时关门	M15.1	总停预停
I2.4	4 上呼	T40			
I2.5	平层	T41	延时启动		
I2.6	开门	T42	总预停复位		
I2.7	关门				

接线端子功能如表 8-3 所示。

表 8-3 电梯接线端子功能

电梯接线端子功能说明							
序号	结 点	功 能	序号	结 点	功 能
1	接 +24 V	换层开关公共端	20	I0.1	1 号层速开关
2	接 +24 V	电源 +24 V	21		ON
3	接 0 V	电源 0 V 光电开关蓝色线	22		OFF
4	I0.0	一轿内	23	Q0.4 Q0.5	直流电机绿色线
5	I1.0	二轿内	24	Q1.0	UP
6	I1.5	三轿内	25	Q1.1	DOWN
7	I1.6	四轿内	26	Q0.1	1 DIS
8	I2.4	4 下呼	27	Q0.2	2 DIS
9	I2.2	3 上呼	28	Q0.3	3 DIS
10	I2.3	3 下呼	29		
11	I2.0	2 上呼	30		
12	I2.1	2 下呼	31		
13	I1.7	1 上呼	32		
14	I2.5	光电开关黑色线	33		
15	I0.6	6 号层速开关	34		
16	I0.5	5 号层速开关	35	Q0.6	拖动电机红色线
17	I0.4	4 号层速开关	36	Q0.7	拖动电机绿色线
18	I0.3	3 号层速开关	37	公用端	拖动电机黄色线
19	I0.2	2 号层速开关			

梯形图如图 8-20 所示。

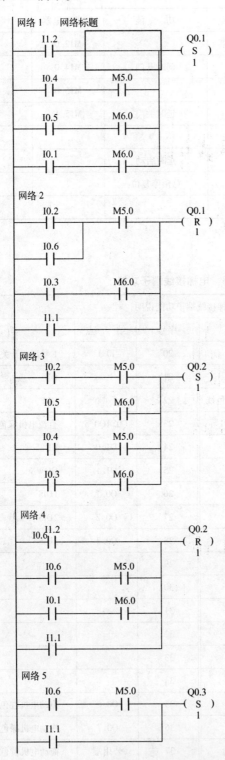

图 8-20　4 层电梯控制梯形图

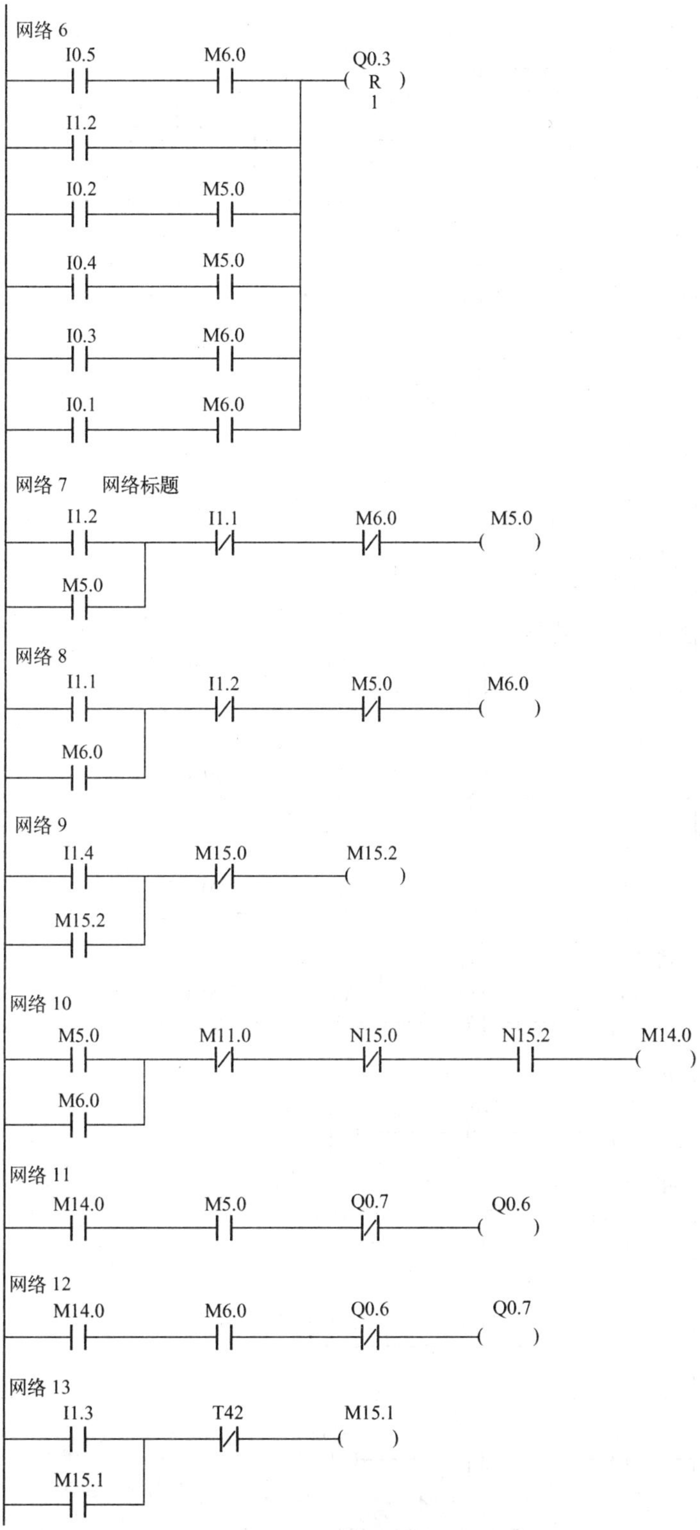

网络 6

```
   I0.5         M6.0              Q0.3
 ──┤├──────────┤├───────────────( R )
                                   1
   I1.2
 ──┤├──
   I0.2         M5.0
 ──┤├──────────┤├──
   I0.4         M5.0
 ──┤├──────────┤├──
   I0.3         M6.0
 ──┤├──────────┤├──
   I0.1         M6.0
 ──┤├──────────┤├──
```

网络 7   网络标题

```
   I1.2         I1.1       M6.0       M5.0
 ──┤├──┬───────┤/├────────┤/├───────(   )
   M5.0│
 ──┤├──┘
```

网络 8

```
   I1.1         I1.2       M5.0       M6.0
 ──┤├──┬───────┤/├────────┤/├───────(   )
   M6.0│
 ──┤├──┘
```

网络 9

```
   I1.4         M15.0      M15.2
 ──┤├──┬───────┤/├────────(   )
   M15.2│
 ──┤├──┘
```

网络 10

```
   M5.0         M11.0      N15.0      N15.2      M14.0
 ──┤├──┬───────┤/├────────┤/├────────┤├────────(   )
   M6.0│
 ──┤├──┘
```

网络 11

```
   M14.0        M5.0       Q0.7       Q0.6
 ──┤├──────────┤├─────────┤/├────────(   )
```

网络 12

```
   M14.0        M6.0       Q0.6       Q0.7
 ──┤├──────────┤├─────────┤/├────────(   )
```

网络 13

```
   I1.3         T42        M15.1
 ──┤├──┬───────┤/├────────(   )
   M15.1│
 ──┤├──┘
```

图 8-20 4 层电梯控制梯形图（续）

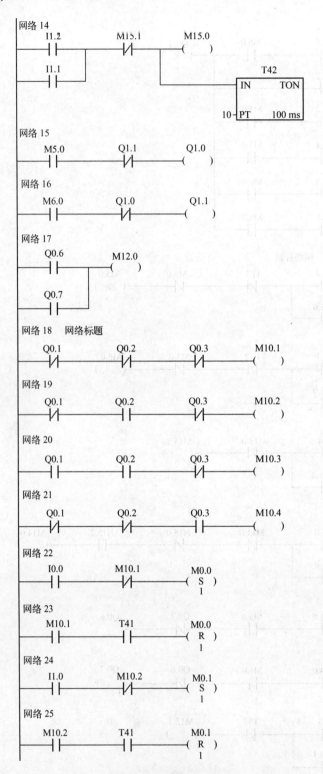

图 8-20 4 层电梯控制梯形图（续）

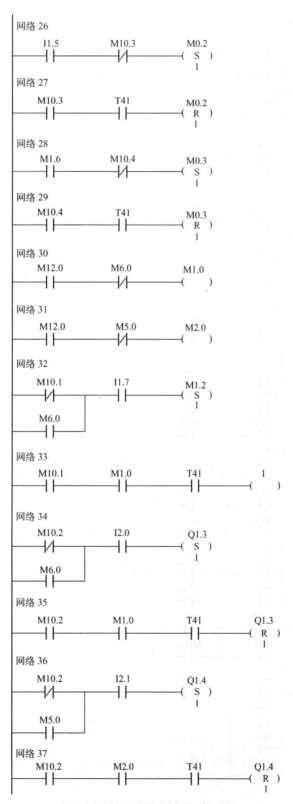

图 8-20　4 层电梯控制梯形图（续）

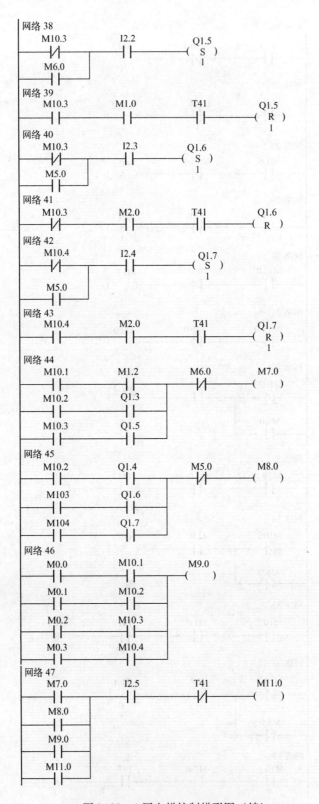

图8-20 4层电梯控制梯形图（续）

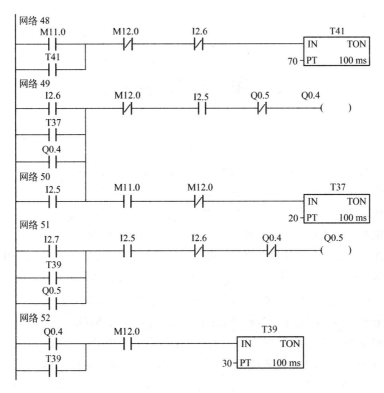

图 8-20 4 层电梯控制梯形图（续）

四、实训步骤

① 组装电路：该电路比较复杂，由教师预先安装好，学生参观理解即可。

② 输入程序：将梯形图输入 PLC 中。

③ 通电运行：运行程序，控制电梯的运行，包括电梯自动往返运行、楼层显示、厅外呼梯、轿内指令。

④ 记录数据，观察与思考相关问题。

【复习训练题】

1. 工业机器人定义。

2. 工业机器人系统组成。

3. 工业机器人的分类。

4. 工业机器人各机械结构。

5. 工业机器人的控制系统原理。

6. 电梯结构与工作原理。

7. PLC 电梯控制系统分析。

参 考 文 献

［1］吴晓苏，范超毅．机电一体化技术与系统［M］.北京：机械工业出版社，2009.

［2］赵先仲．机电一体化系统［M］.北京：高等教育出版社，2004.

［3］梁景凯．机电一体化技术与系统［M］.北京：机械工业出版社，2009.

［4］张建民．机电一体化系统设计［M］.北京：北京理工大学出版社，2007.

［5］徐航，徐九南．机电一体化技术基础［M］.北京：北京理工大学出版社，2010.

［6］廖兆荣．数控机床电气控制［M］.北京：高等教育出版社，2005.

［7］许晓峰．电机及拖动［M］.3版．北京：高等教育出版社，2004.

［8］常国兰．电梯自动控制技术［M］.北京：机械工业出版社，2008.

［9］廖常初．S7 - 200PLC 基础教程［M］.机械工业出版社，2010.

［10］陈江进，杨辉．传感器与检测技术［M］.北京：国防工业出版社，2012.